Die Ludwigs-Süd-Nordbahn

VERKEHRSGESCHICHTE

Stephan Kuchinke

Die Ludwigs-Süd-Nordbahn

von Lindau nach Hof

transpress

Einbandgestaltung: Nicole Lechner
Titelbild: Stephan Kuchinke
Der steilste Teil der Ludwigs-Süd-Nordbahn befindet sich in Oberfranken. 86 457 schleppt am 21. September 1996 drei Eilzugwagen auf der »Schiefen Ebene« bei der Blockstelle Streitmühle in Richtung Marktschorgast.

ISBN 3-613-71064-1

Postfach 10 37 43, 70032 Stuttgart.
Ein Unternehmen der Paul Pietsch Verlage
GmbH + Co.
1. Auflage 1997

Lektor: Claus-Jürgen Jacobson
Hersteller: Viktor Stern
Reproduktion: SKS-Repro, 72124 Pliezhausen
Druck: Maisch & Queck, 70839 Gerlingen
Bindung: Heinrich Koch, 72072 Tübingen
Printed in Germany

Vorwort

An einem sonnigen Sommertag im Juli 1993 trafen sich einige Eisenbahnfreunde auf einem Balkon in Herzogenaurach, um die Aufgaben für eine Festschrift zum 150 jährigen Jubiläum der ersten bayerischen Staatsbahn zu verteilen. Einige Stunden später stand fest, daß Michael Götz und ich den Text schreiben würden. Eben jenes Ereignis war auch die Geburtsstunde dieses Buches. Nachdem wir uns in die Arbeit gestürzt hatten, konnten wir gar nicht mehr aufhören, so daß nahezu nahtlos nach der äußerst erfolgreichen Festschrift über die Teilstrecke Nürnberg - Bamberg dieses Buch entstand. Ursprünglich wollten wir auch die Gesamtstrecke gemeinsam beschreiben, aber leider mußte Michael Götz aus beruflichen Gründen nach einiger Zeit auf seine Mitarbeit verzichten.

Auf den ersten Blick mag der Eindruck entstehen, daß eine derart große Bahnlinie auch eine etwas umfangreichere Darstellung verdient hätte. Doch die Begrenzung auf den vorliegenden Umfang geschah mit voller Absicht. Einerseits wollte ich keinen Leerlauf, der den Leser nur zum Überblättern reizt, produzieren (wen interessiert schon, welche Schwelle wann ausgetauscht wurde), und andererseits ist die Eisenbahn für mich eben nur Steckenpferd (auf Neudeutsch sagt man heute Hobby), das ich neben meiner ausfüllenden beruflichen Tätigkeit betreibe. Sollte natürlich dieses Thema auf entsprechendes Interesse stoßen, steht von meiner Seite einer ausführlicheren Behandlung nichts im Wege.

Mittlerweile habe ich zwei Teiljubiläen der Ludwigs-Süd-Nordbahn fahrkartendurchlöchernd mitgemacht. Es wäre schön, wenn es noch mehr werden würden. Vielleicht kommt auch jemand auf die Idee, im Jahr 2004 das Jubiläum der Gesamtstrecke zu feiern.

Im Laufe des Jahres, in dem dieses Buch entstanden ist, habe ich einiges an Archivmaterial aus den letzten 150 Jahren in der Hand gehabt. Diese Nachforschungen haben mich dann auch dazu genötigt, meine Kenntnisse der deutschen Schrift wieder aufzupolieren. Von Vorteil war die Tatsache, das meine Großmutter immer noch dieser Schrift mächtig ist und mir einen Stapel an Arbeit abnehmen konnte.

Hinter einem solchen Buch steht natürlich nicht nur der Autor selbst. Erst zahlreiche Helfer ermöglichen es ihm, zu einem ausgewogenen Ergebnis zu kommen. Zum einen sind es die nimmermüden Archivare, zum anderen die Fotografen und Korrekturleser, ohne die so manches nicht so gelungen wäre. Neben denen, die bei Bildern aus ihrer Sammlung namentlich erwähnt sind, gilt mein besonderer Dank Frank Schneider, Martin Krebs, Winfried Gruschka und Michael Götz, die mein Manuskript auf Fehler und Unstimmigkeiten durchforstet haben. Durch Reinhold Breubeck konnte ich einige weitere Fotografen kennenlernen, die mich maßgeblich unterstützt haben.

Und jetzt hoffe ich, daß Sie beim Lesen dieses Buches genauso viel Spaß haben wie ich beim Schreiben. Vielleicht sehen Sie dann die Strecke auch mit anderen Augen – als großartige Ingenieurleistung und als noch größere Leistung der Arbeiter, die all die Dämme und Einschnitte von Hand gegraben haben.

Bamberg im Mai 1997

Stephan Kuchinke

Inhalt

1

Auf dem Weg zur großen Staatsbahn

Ein Denkmal in Lindau

Auf der Karlsbastion in Lindau steht heute einsam und verlassen ein Granitsockel mit eingemeißelter Inschrift. Er ist der letzte Rest eines einstmals 34 Fuß (ca. 9,8 m) hohen Denkmals, das 1856 enthüllt wurde. Eduard Rüber hatte König Maximilian II. vorgeschlagen, den neuen Lindauer Hafen mit einem Denkmal des Erbauers zu krönen. Dem König gefiel diese Aussicht, er wollte aber vermeiden, daß der Eindruck entstehe, er habe ein solches Standbild gewünscht. Also mußte die Anregung aus Lindau kommen.

Der Magistrat der Stadt Lindau sammelte daraufhin von 196 Bürgern Beträge zwischen 30 Kreuzern und 100 Gulden. Auch einige der von der neuen Ludwigs-Süd-Nordbahn* berührten Städte gaben Geld. Lindau war mit 3500 Gulden vertreten, Lichtenfels mit der Summe von sieben Gulden hatte den kleinsten Anteil.

Am 12. Oktober 1856 schließlich konnte nach einigem Hin und Her das für 36 549 Gulden vom Bildhauer Halbig geschaffene Standbild aus Granit und Erz mit Gottesdienst und Fackelzug eingeweiht werden. Auf alle vier Seiten des Grundsockels verteilt fand sich die Inschrift auf Messingtafeln. »Maximilian II., König von Bayern, Pfalzgraf bei Rhein, Herzog von Bayern, Franken, und in Schwaben; Dem Förderer des Verkehrs, Erbauer dieses Hafens, und Vollender der, durch Ludwig I. begonnenen Südbahn; In dankbarer Anerkennung der Segnungen dieser Schöpfungen; Durch die verbundenen Städte, MDCCCLVI«

Gerade einmal 70 Jahre sollte Maximilian II. zwischen Bahnhof und Hotel »Bayerischer Hof« direkt an der Hafenmauer stehen. Nachdem der Zahn der Zeit am Material genagt hatte, wollte die Stadt Lindau das nach dem damaligen Zeitgeschmack »häßliche Ding« weghaben. Nachdem 1935 über eine Versetzung auf die Römerschanze an der Löwenmole nachgedacht wurde, verschwand das Denkmal im Mai 1937 in Richtung Karlsbastion, dort, wo heute die Gleise der alten Lindauer Bw-Anlagen enden. Bei dieser knapp 3000 Reichsmark kostenden Aktion büßte Maximilian II. den größten Teil des Sockels und die Inschrift ein. Sie wurde nur noch vereinfacht in die Sockelreste eingemeißelt. 1942 schließlich landete der »König« im Hochofen, nachdem die Stadt bereits zwei Jahre vorher über eine Abgabe an die Altmetallsammlung nachgedacht hatte.

Was von diesem prächtigen Denkmal übrigblieb, ist der kleine Teil des Sockels und die beiden Gründe für die Aufstellung – der Lindauer Hafen und die Ludwigs-Süd-Nordbahn.

Die längste zusammenhängend geplante Bahnstrecke Bayerns beginnt ganz oben rechts auf der Landkarte und endet ganz unten links. Von der ersten Konzession bis zur Inbetriebnahme des Lindauer Bodenseedammes dauerte es 18 Jahre. In diesen 18 Jahren mit ihren Irrungen und Wirrungen wurde von Ingenieuren und Arbeitern mit Intelligenz und Arbeitskraft der Grundstein der Entwicklung Bayerns vom Agrarstaat zum Industriestaat gelegt.

Die einzelnen Abschnitte der Ludwigs-Süd-Nordbahn haben in den letzten 150 Jahren unterschiedliche Entwicklungen über sich ergehen lassen müssen. Was 1854 erstmals möglich war, nämlich in Lindau einen Zug zu besteigen und an einem Tag nach Hof zu fahren, ist heute nur noch an bestimmten Wochenenden machbar. Während zwischen Lindau und Buchloe, Augsburg und Donauwörth sowie Pleinfeld und Hochstadt-Marktzeuln die alte Trasse IC- und EC-, teilweise sogar

* In den Gesetzen zum Bahnbau wird von der Ludwigs-Süd-Nordbahn gesprochen, die Pläne der Hochbauten sind mit Ludwig-Süd-Nord-Bahn bezeichnet. Erstere Schreibweise soll hier verwendet werden.

Das Maximiliansdenkmal in Lindau nach einer kolorierten Postkarte.
Sammlung: Stadtmuseum Lindau

ICE-Züge trägt, gibt es zwischen Nördlingen und Gunzenhausen nur noch einen Museumsbetrieb.

Die Ideen von Friedrich List

Er gehört zu den Männern in der Geschichte der deutschen Eisenbahn, denen erst nach ihrem Tod die Ehre zuteil wurde, die sie eigentlich schon vorher hätten erhalten müssen. Friedrich List wurde am 6. August 1789 in Reutlingen geboren. Zunächst arbeitete er als Schreiber im Staatsdienst und war Professor in Tübingen. Nachdem er mehr oder weniger aus Württemberg hinausgeworfen worden war, ging er nach Amerika, wo er mit einer Kohlengrube ein gewisses Vermögen erwarb. Nach seiner Rückkehr kämpfte er für einen Zollverein und verschiedene Bahnstrecken. Enttäuscht, daß andere die Lorbeeren ernteten, die er gesät hatte, nahm er sich am 30. November 1846 in Kufstein das Leben.

Neben seiner Schrift »Über ein sächsisches Eisenbahn-System als Grundlage eines allgemeinen deutschen Eisenbahn-Systems [...]«, die 1833 in Leipzig veröffentlicht wurde, sind die Briefe, die List aus den USA an Joseph Ritter von Baader,

Oberstbergrat in München, 1828 schrieb, von besonderer Bedeutung für die Entwicklung der Eisenbahn in Bayern. Er skizzierte darin ein Eisenbahnnetz, das fünf Linien vorsah, darunter die Strecke Bamberg–Nürnberg–Donauwörth–Augsburg–Memmingen–Lindau. Als Vorteile dieser Bahnen führte er an, daß Getreidefrüchte und andere Produkte aus dem Inneren Bayerns leicht in die Schweiz und die Rheingegend kommen würden, Torf und Steinkohle innerhalb Bayerns in die manufakturreichen Gegenden befördert werden könnten und, neben einigen anderen Handelswaren, »der Markt der Mainweine und des bayerischen Bieres sich doppelt und dreifach erweitert.«[1] Außerdem meinte List, die sächsischen Staaten würden die Strecke wegen ihrer offensichtlichen Vorteile bis zu den Hansestädten weiterführen. »Sachsen würde« durch eine Eisenbahn von den Hansestädten über Bamberg, Nürnberg, Augsburg zum Bodensee »gleichsam den Rhein durch seine Felder leiten, und zwar einen Rhein, der keine Ufer verwüstet [...] und zur Winterszeit nicht mit Eis bedeckt ist.«[1]

In weiteren Briefen an Ernst Weber in Gera schreibt List u. a., daß die kürzeste Linie, um den Hauptpunkt München mit dem Norden in Verbindung zu bringen, die über Nürnberg und Bamberg[1] sei.

Als die Veröffentlichung seiner Briefe nicht den gewünschten Erfolg hatte, wandte List sich direkt an den bayerischen König. Dieser ließ Gutachten über die ihm vorgetragenen Ideen anfertigen. Während sich Hofbauintendant Leopold von Klenze und von Schenk, der Direktor der General Bergwerks- und Salinenverwaltung, für Eisenbahnen aussprachen, trug Oberbaurat von Pechmann am 6. April 1830 vor der obersten Baubehörde (in den Worten von Leonhardy (1)) vor, »daß Eisenbahnen eine treffliche, nie genug zu preisende Erfindung seien und auch mit dem größten Vorzug angewendet werden könnten, daß sie aber durchaus nicht geeignet seien, die Kanäle zu verdrängen.«

Am Ende setzte sich, wie wir noch sehen werden, von Pechmann durch.

Erstaunlicherweise wurden beinahe alle Strecken so gebaut, wie es List vorschwebte. Der wirtschaftliche Aufschwung, den er vorausgesagt hatte, folgte den Bahnbauten auf dem Fuße.

Der Ludwigskanal

Bereits Karl der Große wollte vor mehr als 1200 Jahren den Main und die Donau verbinden. Die Hintergründe für diese Idee sind wahrscheinlich militärischer Art. Das Frankenreich Karls wurde um 793 im Norden von den Sachsen (nicht zu verwechseln mit dem heutigen Bundesland Sachsen) und den Sarazenen bedrängt, die Kriegsflotte (Flußschiffe) befand sich aber im Bereich der Donau, so daß sie und ihre Soldaten nicht eingreifen konnte. Bei Treuchtlingen kommen sich die Flußsysteme der Donau und des Mains sehr nahe. Die dortige Hauptwasserscheide liegt lediglich etwa zehn Meter höher als die Flüsse Rezat (Zufluß des Mains) und Altmühl (zur Donau) – lediglich zwei Kilometer Entfernung zwischen den Wasserläufen waren zu überwinden. Im Herbst 793 begann man den Bau des Verbindungskanals, doch war dem Unternehmen wegen der widrigen Geländeverhältnisse kein Erfolg beschieden. Immerhin sind die Reste des »Fossa Carolina« (Karlsgraben) noch heute zu erkennen und führen teilweise sogar Wasser[3].

Nach diesem ersten Fehlschlag kam es erst im 19. Jahrhundert zu weiteren Arbeiten zur Verbindung des Rheins mit der Donau. König Ludwig I., seit 1825 bayerischer König, liebäugelte mit einem solchen Kanal. Zunächst wurde versucht, die für den Bau erforderlichen Geldmittel aus Frankreich oder den USA zu beschaffen, doch zerschlugen sich diese Hoffnungen recht schnell, denn es existierte kein Plan über den Verlauf der Wasserstraße. Erst 1830 legte Freiherr von Pechmann einen Entwurf vor, der 1832 veröffentlicht wurde. Der bayerische Landtag genehmigte ihn 1834. Zwei Jahre später gründete sich eine Aktiengesellschaft, deren Ziel es war, den Kanal zu bauen. Der erste Entschluß betraf die Namensgebung. Die neue Wasserstraße sollte nach König Ludwig I. Ludwigskanal genannt werden. Die Finanzierung des Großprojektes wurde mit 20 000 Aktien zu jeweils 500 Gulden gesichert. Die bayerische Staatsregierung erwarb 5000 Aktien, nach Großbritannien kamen 7522, private Käufer in Süddeutschland, Österreich, Frankreich und Preußen zeichneten 7478 Aktien. Als Bauleiter bestimmte man von Pechmann.

Im Jahre 1836 begannen die Arbeiten mit etwa 6000 Arbeitern, ihre Zahl stieg bald auf bis zu 9000. Zunächst wurde der Erdaushub in Angriff genommen. Entgegen den Planungen waren 100 Schleusen erforderlich – von Pechmann sah lediglich 94 vor. Die Bauarbeiten dauerten bis zum 25. August 1845. Erst beinahe ein Jahr später, am 15. Juli 1846 fand die feierliche Eröffnung statt. Der König ließ sich durch den Regierungs-Präsidenten von Mittelfranken vertreten. Die Festgesellschaft fuhr von Nürnberg nach Erlangen, um dort das heute noch existierende Kanaldenkmal einzuweihen, und weiter nach Bamberg, wo man allerdings für die Rückfahrt auf die schnellere Eisenbahn umstieg.

Der Betrieb fand mit Treidelpferden statt. Jeweils ein Pferd zog ein bis zu 120 Tonnen fassendes Schiff durch das Wasser. Die Gesamtstrecke konnte in 47 Stunden zurückgelegt werden. Die Hoffnungen, die in den Ludwigskanal gesetzt wurden, erfüllten sich jedoch nicht. Schwachpunkt des ganzen bayerischen Wasserstraßensystems war der Main. Im Sommer führte er teilweise nur noch 50 Zentimeter Wasser, der Kanal hatte aber ein Tiefe von 1 1/2 Meter, was durch ein durchdachtes Bewässerungssystem im Scheitelpunkt auch bei Trockenheit gesichert war. In Regensburg war die alte »Steinerne Brücke« ein großes Hindernis, denn bei hohen Wasserständen kamen die Schiffe nicht mehr unter ihr durch.

Interessant ist in diesem Zusammenhang die Kettenschleppschiffahrt auf dem Main. Seit 1886 besorgte eine Aktiengesellschaft zusammen mit einer Tochtergesellschaft der bayerischen Staatsbahn das Schleppen von Lastkähnen zwischen Mainz und Bamberg. Die Dampfer zogen sich an einer Kette, die im Fluß lag, mittels Zahnrädern vorwärts. Erst 1938 wurde der Betrieb eingestellt, der mittlerweile der Reichsbahn unterstand[4].

Vier Jahre nach der Eröffnung des Kanals konnte die höchste jährliche Frachtmenge mit 196 000 Tonnen erreicht werden. Danach ging es mehr oder weniger schnell bergab. Die Ablösung der Treidelpferde durch den Dampfantrieb gelang erst, als Schraubenschiffe zum Einsatz kamen. Schaufelraddampfer waren für die Schleusen zu breit.

In »Meyers Konversationslexikon« von 1897 heißt es zum Ludwigskanal:

»Kanal zur Verbindung des Rheins und der Donau, führt von Bamberg aus der Regnitz zwischen dieser und der Eisenbahn [...] nach Nürnberg, von da durch die fränkische Jura und über Neumarkt in die schiffbar gemachte Altmühl und bei Kehlheim zur Donau. Der höchste Punkt ist 250 m über dem Einmündungspunkt bei Bamberg und 88 m über dem Donauspiegel bei Neumarkt gelegen. Die ganze Länge des Ludwigskanals beträgt 172,4 km. [...] Der Kanal [...] ist eine der großartigsten Unternehmungen der Neuzeit, entspricht aber den gehegten Erwartungen nicht, so daß der Staat jährlich etwa 60 000 Mark zuschießen muß. [...]«[5]

Die letzten Tage des Zweiten Weltkrieges beendeten auch die Geschichte des Ludwigskanals. Die beschädigten Dämme und Brücken wurden trotz verschiedener Beschlüsse nicht wieder repariert. Erwähnt werden soll noch, daß 1917 (Klein-U-Boote) und 1944 sogar kleinere Kriegsschiffe, von Pferden gezogen, den Kanal passierten, um ins Schwarze Meer zu gelangen[3]. Teile des Kanals sind heute noch zu finden, kurze Stücke, wie der Nonnengraben in Bamberg, führen sogar noch Wasser.

Damit war aber nicht das Ende des Traumes von der Wasserstraße zwischen Nordsee und Schwarzen Meer erreicht. Seit 1992 verbindet der Main-Donau-Kanal die Regnitz bei Bamberg mit der Altmühl. Zwanzig Jahre zuvor wurde das erste Teilstück dieses umstrittenen Bauwerks zwischen Bamberg und Nürnberg in Betrieb genommen. Der neue Kanal kann von 1500 t-Schiffen befahren werden. So wurde nach 1199 Jahren der Traum Karls des Großen tatsächlich verwirklicht.

Bayerns erste Eisenbahnen

Nach den Erfolgen der Eisenbahn in Großbritannien zogen die Staaten des Deutschen Bundes nur langsam nach. Der Durchbruch kam erst, als Erhard Friedrich Leuchs in seiner »Allgemeinen Handelszeitung« am 2. Januar 1833 einen »Aufruf zur Gründung einer Eisenbahn von Nürnberg nach Fürth« abdruckte. Bereits zehn Tage später

kamen der Kaufmann Georg Zacharias Platner, v. Bäumen, der Bürgermeister von Fürth, der Marktvorsteher Merkel aus Nürnberg und Johannes Scharrer, der erste Leiter des Polytechnikums, der heutigen Georg-Simon-Ohm-Fachhochschule, zusammen. Diese vier Persönlichkeiten erarbeiteten mit einigen anderen zusammen die Pläne für eine Bahnstrecke. Zunächst fand eine Verkehrszählung auf der gut ausgebauten Chaussee zwischen den beiden Städten statt, deren Ergebnis die Grundlage für die Rentabilitätsrechnung wurde. Als jährlichen Gewinn erwartete man 12,5 % des eingesetzten Kapitals. Am 14. Mai erfolgte der Aufruf zur Gründung einer Aktiengesellschaft. Das nötige Kapital war im November gezeichnet. Der bayerische Staat, von den Kanalträumen des Königs beeinflußt, kaufte gerade einmal zwei Aktien. Am 18. November fand die erste Aktionärsversammlung statt. Die Gesellschaft gab sich den Namen »Ludwigs-Eisenbahn-Gesellschaft«, natürlich mit königlicher Protektion. Mit der Bauleitung beauftragte diese den im Staatsdienst stehenden Ingenieur Paul Camille Denis, der später unzählige Bahnstrecken bauen sollte.

Die erste Lokomotive bestellte die Gesellschaft bei Stephenson in Großbritannien. Sie kam am 26. Oktober 1835 in Nürnberg an, verpackt in 19 Kisten. Der Transport von Newcastle ab dauerte ganze 4 ½ Wochen. Nach der Ankunft machten sich die Schüler des Polytechnikums, an dem damals übrigens Georg Simon Ohm Physik unterrichtete, daran, die Einzelteile zu zeichnen. Derweil waren die Bauarbeiten an der etwa sieben Kilometer langen Strecke weit fortgeschritten. Die Schienen lieferte das Eisenwerk Remy & Co. in Rasselstein bei Neuwied, während die Kleineisen von bayerischen Werken stammten.

Nachdem zunächst geplant war, den Betrieb am Geburtstag des Königs, dem 25. August, zu eröffnen, verzögerte sich der Termin bis in den Dezember. Am 7. Dezember 1835 jedoch konnte die erste Eisenbahn Deutschlands eröffnet werden. Die Einnahmen entwickelten sich wesentlich besser, als angenommen worden war. Trotzdem blieb die Strecke ohne Anschluß an das Eisenbahnnetz, das im Laufe der späteren Jahre entstehen sollte, obwohl, wie später noch zu sehen sein wird, entsprechende Versuche nicht fehlten.

Die Gesellschaft betrieb die Bahnstrecke Nürnberg - Fürth bis zum Jahr 1922. Nachdem die beiden Städte entlang der Strecke zusammengewachsen waren und die Nürnberg-Fürther-Straßenbahn neben der Bahn auf der ehemaligen Chaussee fuhr, gab die Inflation dem Bahnbetrieb den Todesstoß. Zum 31. Oktober 1922 wurde der Verkehr eingestellt. Die »Ludwigs-Eisenbahn-Gesellschaft« blieb bis in die sechziger Jahre hinein bestehen, und zahlte auch noch weiter Dividende, die aus Mieteinnahmen der ehemaligen Bahngebäude stammte[6,7].

Bereits vor der Eröffnung der Ludwigsbahn erhielten verschiedene Kaufleute in Augsburg und München am 4. Dezember 1835 die Genehmigung, eine Gesellschaft zum Bau einer Bahnstrecke zwischen den beiden Städten zu bilden. Nachdem die Pläne für die neue Bahn 1836 genehmigt worden waren, beauftragten die in Augsburg und München ansässigen Komitees, deren führender Kopf J. A. Maffei war, Paul Denis mit der Detailplanung. Die etwa 60 Kilometer sollten 3,3 Millionen Gulden kosten[6]. Im Gegensatz zur ersten bayerischen Strecke, waren nun Brücken erforderlich und Moose zu überqueren. Der Bau gestaltete sich entsprechend schwierig.

Noch während Denis die Vorbereitungen traf, zerstritten sich die Komitees in München und Augsburg. Hauptsächlicher Streitpunkt waren die Statuten für die neue Gesellschaft. Als Folge ließ sich die Regierung beide Entwürfe vorlegen und erarbeitete daraus einen dritten, den sie dann anschließend genehmigte.

Nachdem die Gesellschaft am 23. Juli 1837 schließlich gegründet worden war, wurde die Strecke nach den Plänen von Denis abgesteckt - und die Stangen am 25. August, dem Namenstag des Königs, beflaggt[6]. Im Februar des folgenden Jahres begannen die Bauarbeiten. Die gesamte Strecke wurde in sechs Bausektionen aufgeteilt, denen jeweils ein Ingenieur vorstand. Neben vier Zivilingenieuren arbeiteten in dieser Position zwei Militäringenieure mit.

Bereits im September 1838 konnte ein Pferdebahnbetrieb zwischen Augsburg und der dortigen Lechbrücke eingerichtet werden. Ein Jahr später verkehrte der erste Dampfzug von Mün-

Die von Eduard Rüber entworfene Hafeneinfahrt von Lindau ist wohl die schönste des ganzen Bodensees. Am 21. Juli 1996 erreicht gerade der letzte Bodenseedampfer, die »Hohentwiel« den Hafen.
Foto: Stephan Kuchinke

chen nach Lochhausen. Die gesamte Strecke wurde schließlich am 4. Oktober 1840, gleichzeitig mit dem Oktoberfest, eröffnet. Die Baukosten überstiegen den Voranschlag um eine Million Gulden. Täglich verkehrten drei Zugpaare mit Dampf und nachts ein Pferdebahnpaar. Mit der Postkutsche waren für die Reise zwischen den beiden Städten noch sieben Stunden erforderlich gewesen – der Zug brauchte 2½ Stunden.

Im Gegensatz zu den hohen Dividenden, die die Ludwigsbahn auszahlen konnte, blieben die Erträge der neuen Strecke eher bescheiden. Die Betriebsergebnisse, die Leonhardy in seiner Arbeit (1) darstellt, zeigen deutlich, daß der Personenverkehr auf gleichem Niveau blieb, aber der Güterverkehr jedes Jahr nahezu die doppelte Menge des Vorjahres erreichte. Die Dividende, die ausgezahlt werden konnte, stieg in den vier Geschäftsjahren, während der die Gesellschaft tätig war, nicht über 3½ %. Damals war die Industrialisierung in der Münchner Gegend noch nicht weit fortgeschritten, was einen deutlichen Einfluß auf die Strecke hatte.

Die Gesellschaft beschaffte insgesamt acht Lokomotiven aus Großbritannien. Die Waggons stammten allesamt aus Bayern. Neben 31 Güterwagen waren im Jahr 1844 36 Personen- und ein Salonwagen für königliche Gäste vorhanden.

Da sich der bayerische Staat seit 1841 im Eisenbahnbau engagierte, erwarb er 1844 die Gesellschaft. Zum 1. Oktober ging sie in seinen Besitz über. Die Strecke erhielt die Nummer 1, während Nürnberg - Bamberg, wo am gleichen Tag der planmäßige Verkehr aufgenommen wurde, die Nummer 2 erhielt. Die ehemalige Privatbahn wurde später zu einem Teilstück des Doppel-T-Konzeptes, auf das im Kapitel 6 näher eingegangen wird[1,6].

Die Bodenseeschiffahrt

Der Bodensee, oft als »Schwäbisches Meer« bezeichnet, war das Ziel der Anstrengungen von Württemberg und Bayern. Keines der beiden Königreiche wollte dem anderen den Ruhm der ersten Eisenbahnverbindung zum Bodensee überlassen. Die Dampfschiffahrt auf dem See hatte aber bereits wesentlich früher begonnen. 1824 wurde die WILHELM, das erste Dampfschiff der »Friedrichshafener Dampfschiffahrts-Gesellschaft«, in Dienst gestellt. Das in England gebaute Schiff hatte einen hölzernen Rumpf mit einem Tiefgang von 0,9 m und war mit seiner 20 PS starken Einzylinder-Niederdruckmaschine 10 km/h schnell[7]. Die Badener, ebenfalls Anlieger des Sees, gründeten 1831 die »Badische Dampfschiffahrts-Gesellschaft«, Bayern folgte 1835 mit der »Bayerischen Dampfboot-Actien-Gesellschaft«.

Mit der Zeit verdrängten die Dampfer die althergebrachten Segel- und Ruderboote, die Waren und Personen jahrhundertelang transportiert hatten. Die Dampfschiffe verkehrten ursprünglich nur nach Bedarf, aber als die ersten Eisenbahnstrecken das Ufer des Bodensees erreichten, nahm der Verkehr auf dem See entschieden zu, so daß der planmäßige Verkehr zwischen den Endbahnhöfen am Ufer aufgenommen wurde. Noch bis 1846 war die Konkurrenz zwischen den einzelnen deutschen Gesellschaften sehr groß. Verschiedene, einträgliche Verbindungen wurden von mehreren Schiffen gleichzeitig befahren, die Preise gegenseitig unterboten. Erst in jenem Jahr kam der erste gemeinsame Fahrplan zustande. Die drei Gesellschaften vereinbarten, jährlich zweimal zusammenzukommen. 1854 wurden die württembergische, 1863 die bayerische und die badische Schiffahrtsgesellschaft verstaatlicht und den jeweiligen Ländereisenbahnen unterstellt. Daneben waren aber auch österreichische und schweizerische Unternehmen tätig.

Für den Personenverkehr setzte man ausschließlich Dampfschiffe ein, während für den Güterverkehr ab etwa 1840 eigene »Güterschleppboote« gebaut wurden. Diese etwa 80 Tonnen fassenden Kähne wurden bei gutem Wetter gesegelt und bei schlechtem Wetter von Dampfern geschleppt. Ab 1869 verwendete man Trajektkähne, ohne eigenen Antrieb ebenfalls von Dampfern geschleppt, zum Übersetzen von Güterwagen.

Bis zur Jahrhundertwende bauten die Schiffahrtsgesellschaften ausschließlich Schaufelraddampfer. Die Deutsche Reichsbahn, nach 1920 Betreiber der Deutschen Bodenseeschiffahrt, stellte 1925 ihr erstes Schraubenschiff mit Dieselmotor in Dienst, die STADT RADOLFZELL. Die Probleme mit dem Schraubenantrieb in den engen Hafenbecken führten um 1930 zur Einführung des Voith-Schneider-Propellers*, der den Schiffen eine höhere Wendigkeit verleiht[7]. Die größeren Schiffe der deutschen Bodenseeflotte wurden im Laufe der Zeit auf die neue Antriebsart umgestellt. Das letzte Dampfschiff ist 1966 außer Dienst gestellt worden. Die 16 Schiffe der Bodensee-Schiffsbetriebe GmbH, einer Tochter der Deutschen Bahn AG sind heute zusammen mit den sechs ÖBB-Schiffen, fünf Schiffen der Schweizerischen Bodensee-Schiffahrtsgesellschaft AG (ehemals SBB) und sieben Schiffen der Schweizerischen Schiffahrtsgesellschaft für Untersee und Rhein im planmäßigen Linienverkehr und für Ausflugsfahrten eingesetzt.

Auch die Verlängerung der Ludwigs-Süd-Nordbahn nach Westen gehört in dieses Kapitel. 1868 war in Lindau eine Trajektanstalt errichtet worden. Zwischen dieser und Romanshorn verkehrten zunächst drei Trajektkähne, die von Dampfschiffen bei Kursfahrten mitgenommen wurden. Jeder Kahn konnte neun Güterwagen laden. Die badische Staatsbahn betrieb bis 1873 eine weitere Trajektlinie von Lindau nach Konstanz.

Ab 1874 schließlich kam der Dampftrajekt II zum Einsatz. Von der Bayerischen Staatsbahn

* Der Voith-Schneider-Propeller hat 4 - 6 durch einen Exzenter verstellbare Flügel, die bei gleichbleibender Drehzahl und Drehrichtung unterschiedliche Richtungen des Schubs erlauben.

und der schweizerischen Nord-Ostbahn gemeinsam von Escher, Wyss & Cie. in Zürich beschafft, war er mit 450 Tonnen Verdrängung der größte Raddampfer auf dem Bodensee. Mit einer Ladekapazität von 18 Güterwagen und der Möglichkeit, noch weitere 18 Wagen auf zwei Schleppkähnen zu befördern, war es nun möglich, über 100 Wagen pro Tag und Richtung auf der etwa 23 km langen Linie überzusetzen. Auf jedes der beiden Schaufelräder des Trajektes wirkte jeweils eine 290 PSe starke Dampfmaschine, was ein Drehen auf der Stelle ermöglichte[4]. Als vorletzte Trajektlinie über den Bodensee wurde Lindau - Romanshorn im Mai 1939 eingestellt. Durch den Anschluß Österreichs war es nicht mehr notwendig, dieses Land im Güterverkehr in die Schweiz zu umgehen, was das aufwendige Trajektieren unnötig machte[8]. Doch bereits 1919 sank das Trajektschiff während einer unerwarteten Sturmflut in Lindau vor Anker liegend. Seitdem schleppten Dampfschiffe die drei Trajektkähne, bevor 1927 ein Motortrajekt in Dienst gestellt werden konnte[9].

Die Stadt Lindau, der einzige bayerische Hafen und der Bahnhof der Stadt liegen auf einer kleinen Insel im Bodensee. Die Hafeneinfahrt wird von einem Löwenstandbild, dem bayerischen Wappentier, beschützt.

2

Die Ludwigs-Süd-Nordbahn entsteht

Private Anläufe

Friedrich List hatte in seinem Brief vom 5. September 1828 an den bayerischen Eisenbahnpionier Ritter von Baader eine Hauptlinie durch Bayern vorgeschlagen. Sie sollte von Bamberg über Nürnberg, Donauwörth und Augsburg nach Lindau führen[6]. Das Königreich war jedoch auch nach dem Erfolg der Strecke Nürnberg–Fürth nicht am Bahnbau interessiert, der Glaube an den Kanal beherrschte das Handeln.

Daß der Kanal mit allen Mitteln verteidigt wurde, zeigt die Ablehnung der Konzession zum Bau der Bahn von Regensburg über Nürnberg nach Würzburg als Verlängerung der Ludwigsbahn. Am 14. Januar 1836 beantragten die Städte Würzburg und Regensburg sowie Mitglieder der Direktion der Ludwigsbahn die Genehmigung zum Bau dieser Strecke. Sie wurde sechs Tage später mit Verweis darauf, daß das Projekt dem Kanal nicht förderlich sei, abgelehnt. Man stellte den Antragstellern jedoch anheim, ein Komitee zum Bau von Nürnberg nach Hof zu bilden, was schließlich auch geschah[6].

Bereits am 26. Januar wurde in München um die Erlaubnis, eine solche Aktiengesellschaft zu gründen, nachgesucht. Als Streckenführung war Nürnberg–Forchheim–Bayreuth–Hof vorgesehen. Ein provisorisches Eisenbahnkommitee in Bayreuth hatte bereits Vorarbeiten eingeleitet. Ebenso hatte der Stadtmagistrat von Bayreuth starkes Interesse an einer solchen Linienführung. König Ludwig I. erteilte die Genehmigung am 11. Februar, jedoch verlangte er, die Stadt Bamberg angemessen zu beteiligen, was mit einer Streckenführung über Bamberg gleichbedeutend war. Daraufhin erarbeiteten die Unternehmer die Statuten, die am 19. März zur Allerhöchsten Genehmigung vorgelegt wurden. Die in Gründung befindliche Gesellschaft führte zu diesem Zeitpunkt schon Gespräche mit den Regierungen von Sachsen und Sachsen-Altenburg sowie den sächsischen Eisenbahngesellschaften über eine Fortsetzung der Strecke von Hof bis Leipzig. Im selben Monat fielen die endgültigen Beschlüsse zur Streckenführung. Noch am 1. April 1836 schreibt die »Bayreuther Zeitung« von einer Linienführung durch »die schönen Täler von Streitberg und Muggendorf« nach Bayreuth[10].

Obwohl die Würfel schon gefallen waren, arbeitete das dortige Komitee weiter. In einem Brief an den Stadtmagistrat von Hof vom April 1836 heißt es, daß bereits ein Ingenieur beauftragt wurde, die vorgesehene Linienführung zu untersuchen[11]. In energischem Ton reagiert darauf das Bamberger Komitee der Eisenbahngesellschaft am 6. April 1836 in einem Schreiben an den Stadtmagistrat Hof, der einer Strecke über Bayreuth nicht abgeneigt war, mit Bezug auf die Beschlüsse vom März, »daß die Bahnstrecke jedenfalls von Nürnberg nach Bamberg [...] gehen müße«[12].

Aufgrund des zunehmenden privaten Interesses am Bahnbau und der Tatsache, daß drei Gesellschaften an der großen Nord-Süd-Verbindung durch Bayern arbeiteten, bestellte das Staatsministerium des Innern Vertreter aller Bahngesellschaften zum 20. August 1836 nach München. Das Ergebnis dieser Beratungen waren die »Fundamentalbestimmungen für sämtliche Eisenbahn-Statuten in Bayern«, die am 28. September erlassen wurden.

Währenddessen wurde die Strecke Nürnberg–Hof durch Oberbaurath Panzer auf Staatskosten vermessen, und zwar mit dem Ergebnis, daß der Bau durchaus möglich war[13]. Nachdem die Kosten ermittelt waren – für die gesamte Strecke wurden acht Millionen Gulden veranschlagt – wurde am 7. Dezember 1837 die Aktiensubskription durchgeführt. Insgesamt zeichneten Interessenten für 24 294 000 Gulden Aktien. Daraufhin erließ Ludwig I. die Genehmigung zum Bau der Strecke, jedoch knüpfte er Bedingungen an diese Entschließung, die der Gesellschaft nicht besonders behagten: »II. Der Bau ist von Nürnberg gegen Bamberg sogleich in Betriebe zu setzten. Im Frühling 1839 hat der Bau entweder an der Reichsgränze bei Hof in der Richtung gegen Bamberg, oder bei Bamberg in der Richtung gegen Hof zu beginnen. III. Die Strecke von Nürnberg bis Bamberg ist in zwei Jahren, und die Strecke von Hof bis Bamberg in fünf Jahren nach dem Beginne des Baues zu vollenden [...]«[14]. Im »Bericht des provisorisch dirigierenden Ausschusses [...]« heißt es nach den Ausführungen zu diesen Erlassen: »Wir dürfen uns nicht verbergen, daß der gegenwärtige Zeitpunkt für Eisenbahnunternehmungen kritisch sey.«[14]

Der 1838 vorgelegte Bericht enthält auch eine Beschreibung der Linienführung des Abschnittes Nürnberg–Bamberg, die sich am Ludwigskanal orientiert. Der Tunnel bei Erlangen mit etwa 1000 Fuß Länge wird bereits hier erwähnt. Auf der 193 901 Fuß (ca. 56,6 km) langen Strecke, die eine durchschnittliche Steigung von 1 zu 801 haben soll, sind Bögen »nicht zahlreich und haben einen so großen Halbmesser, daß die Abweichung von der geraden Linie weder der Geschwindigkeit noch Sicherheit nachtheilig ist«[14]. Neben den detailliert aufgeschlüsselten Baukosten in Höhe von zwei Millionen Gulden enthält der Bericht auch eine Untersuchung über die »muthmaßliche Frequenz und Rente der Bahn«. Neben den Personalkosten von 27 100 Gulden werden bei vier Fahrten täglich Kosten von 58 000 Gulden und bei sechs Fahrten von 69 000 Gulden errechnet. Als jährlicher Gewinn wurden 6 bis 9 % des Kapitals geschätzt. Abschließend wird festgestellt: »Wenn man befürchten wollte, daß eine Eisenbahn auf dieser so wichtigen, mehrere Hauptcommerzialstraßen im Herzen Deutschlands vereinigende, in jeder Beziehung günstige Linie, keine gute Rente gewähren dürfte, dann könnte man mit Recht sagen, daß überhaupt keine Eisenbahn in Bayern rentieren werde«[14].

Die Gesellschaft nahm erst im Herbst 1838 die Bauarbeiten auf. Die Einzahlung des Aktienkapitals, vorgeschrieben war ein Überschuß von 5 % gegenüber dem derzeitigen Bedarf, hinkte allerdings dem Soll hinterher. Lediglich 4 238 000 Gulden waren es am Ende. Der Bahnbau konnte nicht entsprechend den Planungen erfolgen. Die Aktionäre waren verunsichert, denn die Überwindung des Fichtelgebirges bei Neuenmarkt entpuppte sich als schwieriger als gedacht. So kam es, daß die Gesellschaft die Bedingung des königlichen Erlasses, innerhalb von zwei Jahren bis Bamberg vorgedrungen zu sein, nicht erfüllen konnte. Die Aktionärsversammlung im September 1840 – anwesend waren 251 Aktieninhaber – führte zu einer Anfrage in München. Die Gesellschaft teilte der Regierung mit, daß die Finanzmittel derzeit nicht ausreichten, von Bamberg nach Hof zu bauen und man dafür lieber in Richtung Coburg bauen wollte (hierzu reichte das Geld). Der Vorstand sprach sich gegen eine zusätzliche Linie nach Hof aus, da zwei Eisenbahnen nach Norden wohl überflüssig seien, jedoch bat man München die Vorarbeiten bis hin zum Kostenvoranschlag zu finanzieren[11]. Die Regierung und Ludwig I. sahen darin aber einen Verstoß gegen die Konzessionsbedingungen. Der König entzog daraufhin der Gesellschaft persönlich zum 8. November 1840 die Konzession. Im gleichen Schriftsatz veränderte sich die Einstellung des Staates zum Bahnbau grundlegend. Waren die ersten fünf Zeilen dieser handschriftlichen Verfügung des Königs noch ein einfacher rechtlicher Akt (»Es soll die (königliche) Ermächtigung [...] als erloschen erklärt werden«[15]), stellt der zweite Absatz die Grundlage des Staatsbahnbaues in Bayern dar: »Habe den Vorsatz, wenn im nächsten Frühling des Friedens Fortdauer gewiß ist, Eisenbahn von Nürnberg nach Hof zu erbauen, auf Staatskosten [...]«[15].

Für die Städte nördlich von Bamberg brach die Welt zusammen, denn im »Regierungsblatt für das Königreich Bayern« stand nur zu lesen, daß die Konzession erloschen sei. Nachdem die Gesellschaft den Terminen nicht nachgekommen ist, »so haben seine Majestät der König Allerhöchst sich bewogen gefunden, das für diesen Fall angedrohte Präjudiz, daß die Gesellschaft auf die ihr Allerhöchst verliehene Konzession verzichtend betrachtet und letztere als erloschen werde erklärt werden, in Wirksamkeit treten zu lassen [...]«[16]. Der zweite Absatz des königlichen Entschlusses drang nicht an die Öffentlichkeit – zumindest nicht in Franken.

Ähnlich wie der nordbayerischen Privatbahn erging es den beiden anderen Gesellschaften. Am 21. Dezember 1835 bat Freiherr v. Eichtal die Regierung um Erlaubnis, eine Aktiengesellschaft zum Bau der Strecke Augsburg–Nürnberg zu bilden. Er erhielt sie am 29. Januar 1836. Das erforderliche Kapital wurde 1836 zwar ebenfalls weit überzeichnet, aber als ein Ausschuß die Baukosten um 50 % höher ansetzte und mit den Vorarbeiten beginnen wollte, sprangen die Aktionäre ab. Die Gesellschaft löste sich schließlich am 24. Januar 1841 auf. Für die Ausführung einer Bahn von Lindau nach Augsburg bewarben sich am 29. Dezember 1835 verschiedene Handelshäuser aus Lindau. Die Konzession wurde am 1. Januar 1836 erteilt. Nachdem auf Staatskosten vermessen worden war, ließ das Interesse nach, so daß sich auch diese Gesellschaft 1841 auflöste. Von für 6 Millionen Gulden gezeichneten Aktien waren gerade 1 % eingezahlt worden.[1]

Die Fundamentalbestimmungen

Die am 28. September 1836 erlassenen »Fundamentalbestimmungen für sämtliche Eisenbahn-Statuten in Bayern« waren als Grundlage für private Eisenbahngesellschaften gedacht. Sie regelten zunächst die gesellschaftlichen Belange. Der Paragraph I stellt fest, daß »die allerhöchst genehmigten Eisenbahnen in Bayern [...] als gemeinnützige Anstalten sich des besonderen Schutzes des Staates erfreuen«[14] sollen. Ferner werden Festlegungen zur Aktiensubskription und der Einzahlung der gezeichneten Summe gemacht. Es wird bestimmt, daß die Tarife zunächst jährlich, später dreijährlich unter Genehmigung der Staatsregierung zu regulieren sind (§ XIV).

Als äußerst wichtig für die spätere Entwicklung des Eisenbahnwesens in Bayern ist wohl Paragraph XVI anzusehen: »Die Spurweite soll auf allen bayerischen Eisenbahnen vollkommen gleich sein, und zwar zu dem Maaße von 4 Fuß 8½ Zoll [umgerechnet 1435 mm; der Verf.] englischen Maaßes im Lichten zwischen den Schienen. Dasselbe wird nach bayerischen Maaße berechnet, sofort in ein Mutter-(Normal-)Maaß zu München gebracht werden, wovon ein Exemplar bei dem königl. Staatsministerium hinterlegt bleiben muß, und welches allen Bahnen sofort zu Grunde zu legen ist«[14]. Gerade diese Bestimmung hatte großen Einfluß auf die Zukunft. Bis auf fünf Ausnahmen, darunter die Zugspitzbahn, gab es in Bayern nur Regelspurbahnen für den öffentlichen Verkehr.

Paragraph XVII legt fest, daß die Schienen auch für Schwertransporte geeignet sein müssen. Nach § XVIII »soll in der Regel, und wo es die Verhältnisse nur immer gestatten, die Dampfkraft zur Anwendung kommen [...]«[14].

Die Projekte Württembergs

Im Gegensatz zu Bayern machte das Königreich Württemberg nicht den Umweg über private Gesellschaften, schon die am 22. Oktober 1845 eröffnete Strecke von Cannstadt nach Untertürkheim war staatlich. Sie wurde im Zuge der Ostbahn gebaut, die zusammen mit der Nord- und der Südbahn eine Verbindung von Heilbronn über Stuttgart und Ulm nach Friedrichshafen bilden sollte.

Interessant ist in diesem Zusammenhang, daß auch Württemberg über einen Kanal nachdachte. Er sollte Ulm mit Friedrichshafen verbinden. Anders als in Bayern verglich man die Kosten objektiv. Die Untersuchungen ergaben, daß die Überwindung der Wasserscheide zwischen den Rißquellen und dem Schussental möglich war und genügend Wasser zur Verfügung stand. Allerdings wurde mit einer großen Anzahl von Schleusen gerechnet. Die Kosten für den Kanal sollten 7,4 Mio. Gulden betragen. Eine eingleisige Bahnstrecke war günstiger, eine zweigleisige teurer. Wegen der Vorteile, die eine Bahnstrecke jedoch hatte, wurde das Kanalprojekt fallengelassen[17]. Nach mehreren Untersuchungen, an denen auch der britische Ingenieur Vignoles beteiligt war[17], entschied sich Württemberg für den Bahnbau von Heilbronn nach Friedrichshafen. In Bayern stieß dieses Projekt auf Interesse, sah man doch darin den Erfolg des Kanals gefährdet und befürchtete, daß Transitverkehr aus dem eigenen

Land abgezogen würde. Diese Information erreichte München am 6. Oktober 1839[21]. Nachdem Ludwig I. schon länger mit dem Staatsbahnbau liebäugelte, entschloß er sich knapp ein Jahr später, Nürnberg–Hof auf Staatskosten zu bauen.

Als 1844 das Projekt Augsburg–Lindau in Angriff genommen wurde, erwachte der Ehrgeiz der Schwaben. Ihr Württemberg mußte unbedingt zuerst am Bodensee sein. Sie schafften das Material über die schlechten Straßen heran und eröffneten am 8. November 1847 die Strecke Friedrichshafen–Ravensburg, die keine weitere Anbindung an andere Strecken hatte. Die Bautrupps nahmen den Kampf um die Ehre der ersten großen süddeutschen Nord-Süd-Verbindung auf – und gewannen. Im Jahre 1850, ganze 3½ Jahre vor Hof–Lindau war Heilbronn mit Friedrichshafen verbunden.

Der staatliche Bahnbau

Nachdem Ludwig I. am 8. November 1840 bekundet hatte, er wolle eine Staatsbahn bauen lassen, setzten im folgenden Jahr die staatlichen Aktivitäten ein. Bereits am 14. Januar 1841 wurde mit dem Königreich Sachsen und dem Herzogtum Sachsen-Altenburg ein Vertrag über eine Eisenbahnverbindung von Nürnberg über Hof nach Leipzig geschlossen. Vereinbart wurden verschiedene technische Voraussetzungen, die einen durchgehenden Bahnbetrieb ermöglichten. Ein Zusatzvertrag vom 26. Mai 1841 regelte verschiedene Dinge genauer. Der Bahnbau sollte demnach am 1. Juli 1841 beginnen, wobei den Staaten freigestellt war, ob sie auf ihrem Staatsgebiet eine Staats- oder Privatbahn bauen wollten. Die Durchschnittsgeschwindigkeit der Dampfzüge sollte neun Wegstunden (33,4 km/h) betragen. Als Übergangspunkt bestimmte man vorläufig den Ort Sachsgrün[1]. Der Stadtmagistrat von Hof sah sich nach Bekanntwerden des Vertragsabschlusses veranlaßt, dem König für seine Fürsorge zu danken. »Die allerehrfurchstvollst Unterzeichneten sind nicht imstande, die Gefühle der Freude und des Dankes gegen Ew. Königliche Majestät auszudrücken, wovon die Ganze Einwohnerschaft durchdrungen ist. [...] Ehre und Preis dem Schöpfer des großen Werkes!«[16]

Bei den Verhandlungen für diesen Vertrag konnte sich die bayerische Regierung auf die Gespräche stützen, die die private Gesellschaft für den nördlichen Abschnitt bereits seit 1836 geführt hatte. Am 1. Juli 1841 wurde die königliche Eisenbahnbau-Commission in Nürnberg eingerichtet. Ihr oblagen der Bau und später auch der Betrieb der neuen Strecke. Als administrativen Vorstand berief man Franz Joseph Düring. Er war bereits Staatsbediensteter und trug im gehobenen Dienst den Dienstgrad eines Oberzollinspektors. Als technische Vorstände wurden für den in Nürnberg beginnenden südlichen Abschnitt bis Lindau Friedrich August Pauli, der beim Bau der Strecke Augsburg–München beteiligt war, und für den nördlichen Abschnitt Paul Camille Denis, Bauleiter von Nürnberg–Fürth, verpflichtet. Bereits ein Jahr später verließ Paul Denis die Commission wieder, da er sich mit Pauli überworfen hatte. Der Grund für die Streitigkeiten waren technische Prinzipien des Bahnbaus (Steigungen, Bogenradien etc.)[18]. Friedrich Pauli war nun auch für den nördlichen Abschnitt verantwortlich.

Bei den Planungen konnte sich die Commission für die Abschnitte Nürnberg–Bamberg und Augsburg–Donauwörth auf die Vorarbeiten der privaten Gesellschaft stützen und die Streckenführung ohne Änderung übernehmen. Vorausschauend wurden alle Strecken gleich zweigleisig projektiert, d. h. die Trasse bereits für das zweite Gleis vorbereitet, jedoch nur eines verlegt. Lediglich einige kleinere Durchlässe wurden nur eingleisig aufgebaut. Grundlegende Probleme boten die Überwindung des Fichtelgebirges zwischen Neuenmarkt und Marktschorgast und der Wasserscheide zwischen Donau und Main, des Hahnenkammes, bei Treuchtlingen. Eine Trasse über den Hahnenkamm wäre damals bereits möglich gewesen, jedoch konnte man durch eine Umgehung den Anschluß der Städte Gunzenhausen und Nördlingen verwirklichen, von denen man sich ein hohes Verkehrsaufkommen erhoffte.

Die Entscheidung für den 33 km langen Umweg über Nördlingen wurde maßgeblich von den Baukosten beeinflußt. Eine Kalkulation der Kosten für Augsburg–Hof aus dem Jahr 1842 kommt auf

54,5 Millionen Gulden. Diese Summe war der Regierung zu hoch. Eine Commission unter Leopold von Klenze sollte klären, wo sich Einsparungen ergeben konnten. Das Ergebnis dieser Untersuchungen war, daß sich durch Einschränkung bei Hochbauten, Brücken und Fahrzeugen 8,3 Mio. Gulden sparen ließen. 2,9 Mio. Gulden sollte der Umweg über Nördlingen wegen des einfacheren Baues bringen und der Pferdebetrieb über das Fichtelgebirge weitere 10,8 Mio. Gulden. Daraufhin legte Ludwig I. am 9. Februar 1843 (v. Reden nennt im Text den 9. Februar 1843, im Abdruck des Dokuments aber den 9. Februar 1842; v. Bauernfeind nennt den 9. Februar 1843) fest, daß der Bahnbau Augsburg–Landesgrenze maximal 33 Mio. Gulden kosten dürfte, jedoch das Fichtelgebirge mit Lokomotivbetrieb überwunden werden sollte[19]. Daß es keine Pferdebahn als Teilstück der Nord-Süd-Verbindung geben würde, stand jedoch bereits seit dem 19. Februar 1842 fest. Ein königlicher Entschluß veranlaßte die Eisenbahnbau-Commission, die Pläne entsprechend umzuarbeiten[11]. Gegen den Pferdebetrieb sprach zum einen die dann festliegende Geschwindigkeit und zum anderen die Tatsache, daß auf den Höhenlagen des Fichtelgebirges Schneeverwehungen zu erwarten waren, die den Pferden ein Passieren unmöglich machen mußten. Außerdem mußte davon ausgegangen werden, daß ein Pferdebetrieb teurer war als Lokomotivbetrieb[19]. Bis 1842 konnte der Staat den Eisenbahnbau aus den »Erübrigungen« der Staatskasse, einem für besondere, unvorhergesehene Anlässe bewilligten Budgetanteil, finanzieren. Die Ausweitung der Arbeiten zwang jedoch zum Erlaß des Eisenbahndotationsgesetzes am 25. August 1843. Im Artikel I heißt es: »Es wird eine Eisenbahn auf Staatskosten von der Reichsgrenze bei Hof nach Lindau in der Richtung über Bamberg, Nürnberg und Augsburg erbaut. Die Bestimmung der Bahnlinie außer dieser Hauptrichtungslinie bleibt der Regierung vorbehalten.«[20] Nun konnten zusätzlich Mittel aus dem Budget und 15 Mio. Gulden aus Anleihen verwendet werden. Die Gesamtkosten für den mittlerweile genehmigten Bau der Verbindung Lindau–Hof–Landesgrenze waren auf 51,5 Mio. Gulden veranschlagt. Die jährlichen Ausgaben des Königreiches für den Bahnbau schnellten noch im selben Jahr von 0,39 Mio. auf 3,84 Mio. Gulden herauf[6]. Für den Bau war die Strecke Augsburg–Hof in insgesamt zwölf Sektionen aufgeteilt, denen jeweils ein Sektionsingenieur vorstand. Die Büros saßen in Augsburg, Meitingen, Donauwörth, Nördlingen, Schwabach, Nürnberg, Erlangen, Bamberg, Lichtenfels, Kulmbach, Münchberg und Hof.

Die Systemfrage

Das Projekt Lindau–Augsburg war erst spät begonnen worden. Daß Württemberg von Ulm nach Friedrichshafen bauen würde, stand Mitte 1843 fest. In der bayerischen Ständeversammlung führte der geplante Bau von Augsburg nach Lindau zu heftigen Diskussionen. Zum einen fürchteten Abgeordnete, Bayerns Handel könnte Schaden nehmen, wenn man nicht selbst baute, zum anderen wurde das Argument gebraucht, daß sich zwei parallele Strecken den Verkehr streitig machen könnten, und es wurde eine gemeinsame Strecke mit Württemberg befürwortet. Schließlich entschieden die Stände, eine eigene Bahnstrecke zu bauen.

Grundlegendes Problem dieser Strecke war allerdings die Tatsache, daß Kempten 705 m und Lindau 399 m über NN lag – bei einer Luftlinien-Entfernung von 50 km. Außerdem gab es bei Niederstaufen gerade einmal drei Kilometer Platz, ohne nach Österreich oder Württemberg ausweichen zu müssen. Mit den herkömmlichen Trassierungmethoden war das nicht zu machen. Ein früher Vorschlag, auf württembergischem Gebiet Höhe zu gewinnen, wurde vom Tisch gefegt – Württemberg hätte wohl auch nicht zugestimmt, der eigene Verkehr hätte ja Schaden nehmen können. Ein Streckenbau auf bayerischem Boden mit geringen Kosten »konnte aber nur durch Ein Mittel in befriedigender Weise geschehen, dadurch nämlich, dass statt des englischen Locomotivsystems das americanische angenommen wurde. Man braucht kein Techniker zu seyn, um einzusehen, dass sich die Kosten für Erdarbeiten und Kunstbauten bedeutend vermindern müssen, wenn man weiss, dass americanische Locomotiven Krümmungen von weniger als 1000 Fuss Radius und Steigungen von mehr als 1 auf 100 ohne Gefahr passiren können; man begreift leicht, dass man eben desshalb die Bahn dem Terrain sowohl in horizontaler als in verticaler Beziehung möglichst anschmiegen und so Eisenbahnen durch Thäler führen kann, die für das englische System, bei dem man nur ungerne Kurven von weniger als 3000 Fuss Krümmungshalbmesser und Steigungen grösser als 1 auf 200 anwendet, viel zu enge sind. Auf der anderen Seite haben freilich die americanischen Maschinen auch wieder ihre Nachtheile gegen die englischen: sie bewegen sich nur halb so schnell als diese und veranlassen grössere Betriebskosten.«[13]

Um die Gebirgsstrecken überhaupt bauen zu können, schraubte die Eisenbahnbau-Commission die Anforderungen erheblich zurück. Im Hügelland waren mindestens 2000 Fuß (584 m) Krümmungshalbmesser vorzusehen, im Gebirge mindestens 1000 Fuß (292 m). Als maximale Steigung wurden 10 ‰ festgelegt. Die Abschnitte Lichtenfels–Hof und Kaufbeuren–Lindau wurden auf diese Art und Weise gebaut. Auch der Hahnenkamm hätte so überwunden werden können. Diese Trassierungsgrundsätze behielt man auch für den weiteren Bahnbau bei. Sie wurden aber im Laufe der Zeit zu einem Hindernis, das die Geschwindigkeit der Züge auf teilweise 70 km/h beschränkt.

Die Eröffnung des ersten Teilstücks

1844 neigten sich die Bauarbeiten an den bereits durch private Gesellschaften vorbereiteten Abschnitten Augsburg–Donauwörth und Nürnberg–Bamberg dem Ende zu. Anfang des Jahres kam die Strecke auch zu ihrem Namen. Innenminister von Abel schlug vor, sie nach König Ludwig I. zu benennen. Am 12. April schließlich stimmte der König dem Vorschlag zu. Die bayerische Fernbahn von Lindau nach Hof hieß von Stund an Ludwigs-Süd-Nordbahn. Im Mai 1844 war der Unterbau soweit fortgeschritten, daß das Verlegen der Gleise beginnen konnte[22]. Am 3. August wurde die BAVARIA von Maffei, München, in Nürnberg angeliefert, sie war die erste neue Lokomotive für die Staatsbahn. Unter Experten fand sie »wegen ihrer eben so soliden als zweckmäßigen Konstruktion [...] Anerkennung« [22]. Der erste Unfall auf der neuen Strecke ereignete sich gerade 16 Tage später. Bei Probefahrten mit den Lokomotiven SAXONIA, GERMANIA und BAVARIA im Bereich des Bahnhofs Nürnberg kam der Tender der BAVARIA »auf eine andere Spur«[22]. Wahrscheinlich ist er entgleist, denn als Schäden werden einige beschädigte Chairs (Schienenstühle) und verbogene Schienen angegeben.

Am 21. August 1844, drei Tage vor der Eröffnungsfahrt, konnte die Bamberger Bevölkerung zum ersten Mal die neuen Lokomotiven sehen. Die SAXONIA und die BAVARIA waren nach Probefahrten in Bamberg eingetroffen. Das »Tag-Blatt« berichtete am nächsten Tag, daß eine große Menge Menschen, »von denen wohl viele noch kein solches Wunderthier gesehen haben mochten«, sich längs der Bahn aufgestellt hatten, und sie »mit Staunen an sich vorüberfliegen« sah. »Große Rauchwolken und ein schrilles Pfeifen hatte dieselben schon aus weiter Ferne signalisiert, und Alles wich ehrerbietig aus.«[22]

Die feierliche Eröffnungsfahrt am 25. August 1844, dem »Allerhöchsten Geburts- und Namensfeste Sr. Majestät des Königs«, schilderte Hugo Marggraff 1894.

»Gegen 7 Uhr morgens fuhr der königliche Kommissär, Seine Exzellenz Finanzminister Graf von Seinsheim, in Begleitung höherer Militärs, Beamter und des Magistrats durch die Spaliere der Landwehr unter den Klängen der Musik und dem Flattern der Fahnen von seiner Wohnung nach dem neuen, vor dem Frauenthore in gotischen Stile erbauten Bahnhofsgebäude, welches gleichwie Privatgebäuden in allen vom Festzuge berührten Straßen reich mit Wappen, Fahnen, Teppichen und Laubgewinden geschmückt war. Für die Damen waren Tribünen errichtet und zwei kunstvolle Pyramiden vereinten sämtliche Attribute und Werkzeuge des Eisenbahnbaus, selbst die Schiffe im Kanalhafen hatten zur Feier des Tages beflaggt. Eine unabsehbare Menge von Geladenen und einheimischen wie fremden Zuschauern wogte vor dem Bahnhof. Nach der von dem königlichen Kommissär gehaltenen Anrede, welche die Segnungen der Eisenbahn im allgemeinen betonte dann speziell des durch den beharrlichen

Königlich Bayerische Ludwigs-Süd-Nordbahn.

EINLADUNG

für den Herrn

zur ersten feierlichen Fahrt
von NÜRNBERG nach BAMBERG
und zurück
am allerhöchsten Geburts- und Namensfeste
SR. MAJ. DES KÖNIGS VON BAYERN

am 25. August 1844

Versammlung auf dem Bahnhofe zu Nürnberg	bis 6½	Uhr	Morgens.
Abfahrt von da nach Bamberg	um 7	„	„
Versammlung auf dem Bahnhofe zu Bamberg	bis 9	„	Vormittags.
Abfahrt von Bamberg nach Nürnberg	um 2	„	Nachmittags.
Erste Rückfahrt von Nürnberg nach Bamberg	um 3	„	Abends.

am 26. August 1844

Rückfahrt von Bamberg nach Nürnberg	um 6	Uhr	Morgens.
Zweite Rückfahrt von Nürnberg nach Bamberg	um 9	„	Vormittags.

Zur ersten Fahrt von Nürnberg nach Bamberg wurde stilvoll eingeladen. Sammlung Bamberger Eisenbahnfreunde e. V.

Willen des Königs unter Mitwirkung der Stände des Reichs beschlossenen Eisenbahnbaues auf Staatskosten gedachte, [...] setzte sich der ebenfalls sinnreich geschmückte Eröffnungszug mit der BAVARIA*, der ersten von Ritter von Maffei für die Staatsbahn gelieferten Lokomotive, und 14 Waggons in Bewegung. Auf allen Haltepunkten, namentlich in Erlangen, Bayersdorf und Forchheim, fanden Huldigungen durch Deputationen und die Schuljugend unter Musik und Böllerschüssen statt, sämtliche Deputationen und Geladenen der berührten Städte wurden in den Zug aufgenommen, ebenso an der Kreuzung mit der Bahn nach Fürth der Direktor der Ludwigsbahngesellschaft, Buchhändler Mainberger.

Bald nach dem Hauptzuge dampfte ein zweiter, von der SAXONIA geführter Zug nach Bamberg, besetzt mit Vertretern der beim Bahnbau thätig gewesenen Arbeiter und Gewerbe, deren buntfarbige Banner von den Waggons herab wehten. ‚Es wäre schwer (meldet der Chronist), die am Bahnhofe und längs der ganzen Bahn versammelte Zuschauermenge auch nur annähernd anzuschlagen.' Die 16 Stunden [Eine Postkutsche legte damals etwa eine geographische Meile – 7 420,44 Meter – in der Stunde zurück. In Bayern wurde etwa die halbe Entfernung – ca

* So komisch es klingt, im gleichen Buch, nur 98 Seiten weiter, schreibt Marggraff, die GERMANIA hätte den Eröffnungzug gezogen.

3,71 km – als Wegstunde bzw. einfach als Stunde bezeichnet, der Verf.] lange Strecke nach Bamberg wurde von dem Eröffnungszug, mit Abrechnung eines halbstündigen Aufenthaltes, in 93 Minuten zurückgelegt. In Bamberg, dessen Bahnhof ebenfalls im Festkleid prangte, empfing der hochwürdige Domprobst die Ankommenden in feierlichster Weise, worauf dieselben sich teils zum Hochamte im Dom, welches der Herr Erzbischof von Bamberg celebrierte, teils zum protestantischen Gottesdienste in die St. Stephanskirche begaben. Später nahmen die seitens der Stadt Geladenen ein Frühstück im ´Deutschen Hause´ ein. Die Rückfahrt des Hauptzuges, mit welchem auch die geladenen Gäste von Erlangen, Forchheim und Bamberg in die alte Reichsstadt kamen, erfolgte um 2¼ Uhr und die Ankunft in Nürnberg um 4½ Uhr. Unmittelbar darauf fand im Gasthaus zum ´Bayerischen Hof´ ein von der Stadt für 70 Geladene veranstaltetes Festmahl statt, bei welchem Toaste [...] ausgebracht, auch zwei Festlieder abgesungen wurden. Den Schluß der Feier bildete ein Festball im Museum, sowie eine Festvorstellung im Theater. [...] Nachdem inzwischen die Bahnhofs- und Bahnbauten der Strecke Nürnberg–Bamberg mit größtem Eifer vollendet, die Drehscheiben eingebracht und die Fahrpreise festgesetzt waren, erfolgte am 1. Oktober 1844 die Aufnahme des regelmäßigen Fahrdienstes, zugleich wurden die Nürnberg-Koburger Eilwagenfahrten eingestellt.«[23]

Zur Aufnahme des planmäßigen Verkehrs standen vier Lokomotiven der Gattung A I zur Verfügung. Sie trugen die Namen BAVARIA, SAXONIA, FRANCONIA und GERMANIA.

Am 2. Oktober 1844 berichtete das Bamberger »Tag-Blatt« von den Ereignissen des Vortages. »Gestern früh haben die regelmäßigen Fahrten auf der Eisenbahnstrecke zwischen hier und Nürnberg begonnen. Die BAVARIA eröffnete mit zwei Waggons I. Classe, einem II. Classe und neun III. Classe den Zug. Die großen Wagen mit ihrem bunten Farbenanstrich gewährten einen schönen Anblick; ebenso machten die Conducteure und Obercondukteure mit ihren netten Uniformen Aufsehen. Der wunderschöne Herbsttag hatte einen großen Teil der Stadtbewohner hinausgelockt [der Bahnhof lag damals weit vor der Stadt; der Verf.], um dem Beginnen des Unternehmens, dessen Folgen noch unberechenbar sind, beizuwohnen.«[22]

Die Vollendung der Ludwigs-Süd-Nordbahn

Bis 1854 wurden die restlichen 15 Abschnitte der 560 km langen Fernbahn eröffnet. Die Eröffnungsdaten sind der folgenden Tabelle zu entnehmen:

Strecke	Eröffnung	Länge in km
Bamberg–Nürnberg Hbf	01.10.1844	62,40
Donauwörth–Augsburg	20.11.1844	40,80
Bamberg–Lichtenfels	15.02.1846	31,90
Lichtenfels–Neuenmarkt-Wirsberg	15.10.1846	42,46
Augsburg–Kaufbeuren	01.09.1847	60,19
Hof–Neuenmarkt-Wirsberg	01.11.1848	52,87
Hof–Reichsgrenze	20.11.1848	13,40
Nürnberg Hbf–Schwabach	01.04.1849	15,50
Donauwörth–Oettingen	15.05.1849	42,35
Oettingen–Gunzenhausen	20.08.1849	26,46
Gunzenhausen–Schwabach	01.10.1849	45,46
Kaufbeuren–Kempten	01.04.1852	42,54
Kempten–Immenstadt	01.05.1853	21,66
Immenstadt–Oberstaufen	01.09.1853	16,85
Oberstaufen–Aeschach	12.10.1853	51,51
Aeschach–Lindau (Bodenseedamm)	01.03.1854	

Knapp zwei Monate nach der Aufnahme des planmäßigen Verkehrs zwischen Nürnberg und Bamberg wurde die zweite Strecke, Donauwörth–Augsburg, die ebenfalls von einer privaten, später gescheiterten Gesellschaft vorbereitet wurde, eröffnet. Erst zwei Jahre später stellte man das erste von der Bahnbau-Commission komplett geplante und gebaute Teilstück von Bamberg nach Lichtenfels fertig. Dafür mußten in Lichtenfels 25 Wohnhäuser, zwei Scheunen und eine Leimsiederei abgerissen werden. Wegen einer Unterspülung des Bahndammes bei Hallstadt im Mai

Ludwigsbahn, Ludwigskanal und Ludwigs-Süd-Nordbahn bei Fürth; eine Darstellung aus den Anfangstagen. Sammlung Frank von Meissner

1845 konnte die Strecke nicht wie geplant im Oktober, sondern erst am 15. Februar 1846 eröffnet werden[25]. Die erste Gebirgsstrecke nach dem »amerikanischen System« war 1848 Neuenmarkt-Wirsberg–Hof. Hier fanden konsequent die 1000- und 2000-Fuß-Bögen Anwendung. Die ersten sieben Kilometer dieser Strecke wurden als »Schiefe Ebene« bezeichnet (siehe Kapitel 5). Ausnahmsweise kamen hier Steigungen von bis zu 25‰ zur Anwendung. Die Bauarbeiten begannen 1844. Als Talstation wurde Neuenmarkt-Wirsberg für die Schiebelokomotiven wichtig. Die Baureihe C I, speziell für den Vorspannbetrieb auf der Steilrampe gebaut, prägte damals diesen Abschnitt. Im Budgetjahr 1846/47 gab es ernste Finanzierungsschwierigkeiten. Das Geld reichte gerade einmal, bereits eingegangene Verpflichtungen abzudecken, an neue Bauten war nicht zu denken. Eine 1846 von den Ständen beschlossene Anleihe über 7,5 Mio. Gulden bei 3½% Zins fand kaum Geldgeber. Ursache war eine Wirtschaftskrise, die von Großbritannien aus auf den Kontinent überschwappte. Die eiligst einberufenen Stände beschlossen zwar eine Anleihe in Höhe von 10,5 Mio. Gulden zu 4 %, doch auch hier kam nicht einmal die Hälfte des Geldes zusammen. Die Anweisung an Pauli, keine neuen Verbindlichkeiten einzugehen, legte den Bahnbau zum Herbst 1847 völlig lahm. Erst im folgenden Jahr brachte Maximilian II., der seinem Vater nach dessen Abdankung (die Affäre Lola Montez) im April auf den Thron gefolgt war, den Stein wieder ins Rollen, indem er die Arbeiten als Notstandsarbeiten wieder aufnehmen ließ. Am 4. April 1851 schließlich fiel die endgültige Entscheidung. Die Reichsrätekammer, die erste Kammer des Landtages, nahm den Vorschlag von Ministerpräsident von der Pfordten an, den Kostenvoranschlag für die Strecke Kempten–Lindau auf 9 Mio. Gulden zu erhöhen – der Bahnbau war gesichert[9]. Gespart werden mußte aber an allen Ecken und Enden, was hauptsächlich Kunst- und Hochbauten südlich von Augsburg betraf. Bereits 1849, fünf Jahre nach der Eröffnung des ersten Teilstücks, war die Strecke zwischen Hof und Kaufbeuren fertigge-

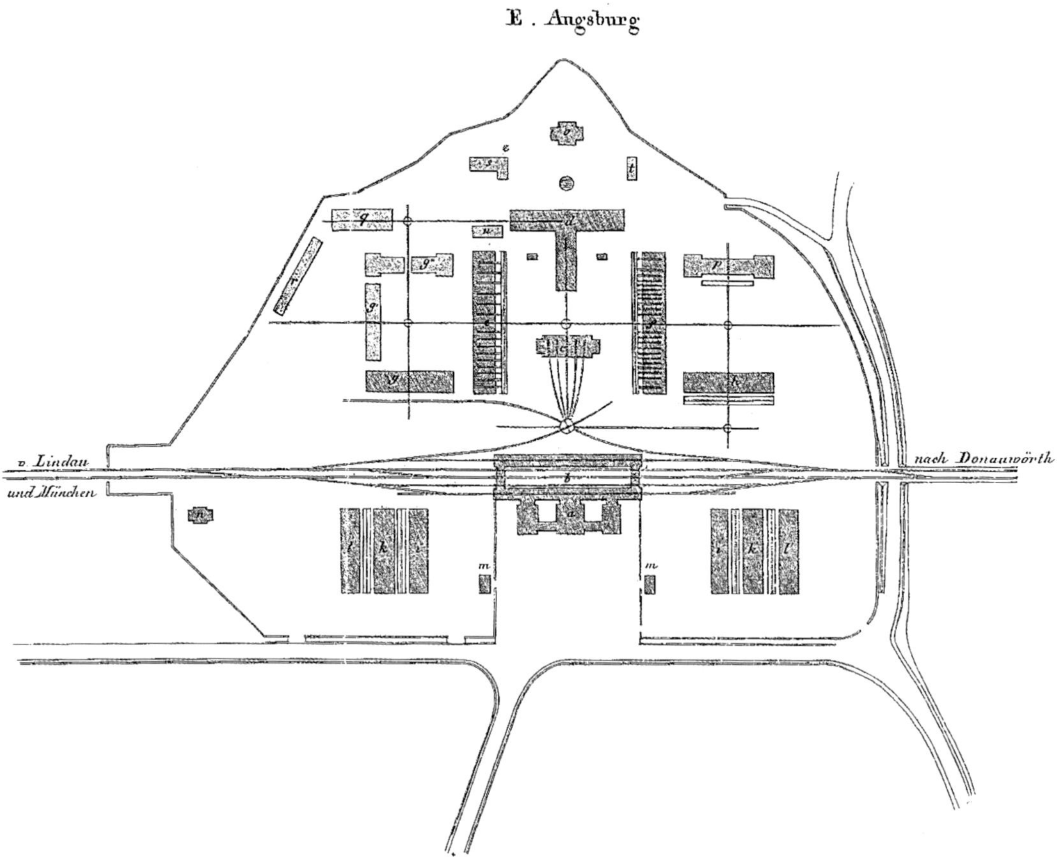

Der ursprüngliche Situationsplan des Bahnhofes Augsburg von 1846.
Aus: Bauernfeind: Beschreibung der königl. Bayerischen Staatseisenbahnen

stellt. 1852 und 1853 schließlich konnten auch die letzten drei Teilstücke bis vor die Tore Lindaus eröffnet werden. Projekte für diesen südlichen Abschnitt gab es mehrere. Eines davon enthielt eine Anzahl Teilstrecken ähnlich der »Schiefen Ebene«. Verwirklicht wurde dann aber eine Streckenführung, die mit unzähligen Kunstbauten den Höhenunterschied meisterte. Das tiefe Illertal bei Kempten zwang die Ingenieure dazu, den Bahnhof der Stadt als Kopfbahnhof auszuführen (erst seit 1969 ist Kempten Durchgangsbahnhof). Die dazu notwendige Brücke, nach amerikanischem Vorbild in Holzbauweise ausgeführt, verzögerte die Eröffnung zusätzlich bis zum 1. April 1852.

Weitere Probleme machten die Geländeformen zwischen Oberstaufen und Lindau. 1848 kam in der Inselstadt wegen dieser Schwierigkeiten sogar das Gerücht auf, dieser Abschnitt solle nicht gebaut werden und Lindau an die württembergische Südbahn bei Meckenbeuren angeschlossen werden[9]. Die Schwierigkeiten konnten mit zahlreichen Brücken, Einschnitten und Dämmen gemeistert werden. Unter diesen Bauten sticht besonders der 525 m lange, maximal 280 m breite und 53 m hohe[20] Rentershofener Damm, den Kosmas Lutz (12) als einen der größten existierenden Bahndämme bezeichnet, hervor. Das Gerücht,

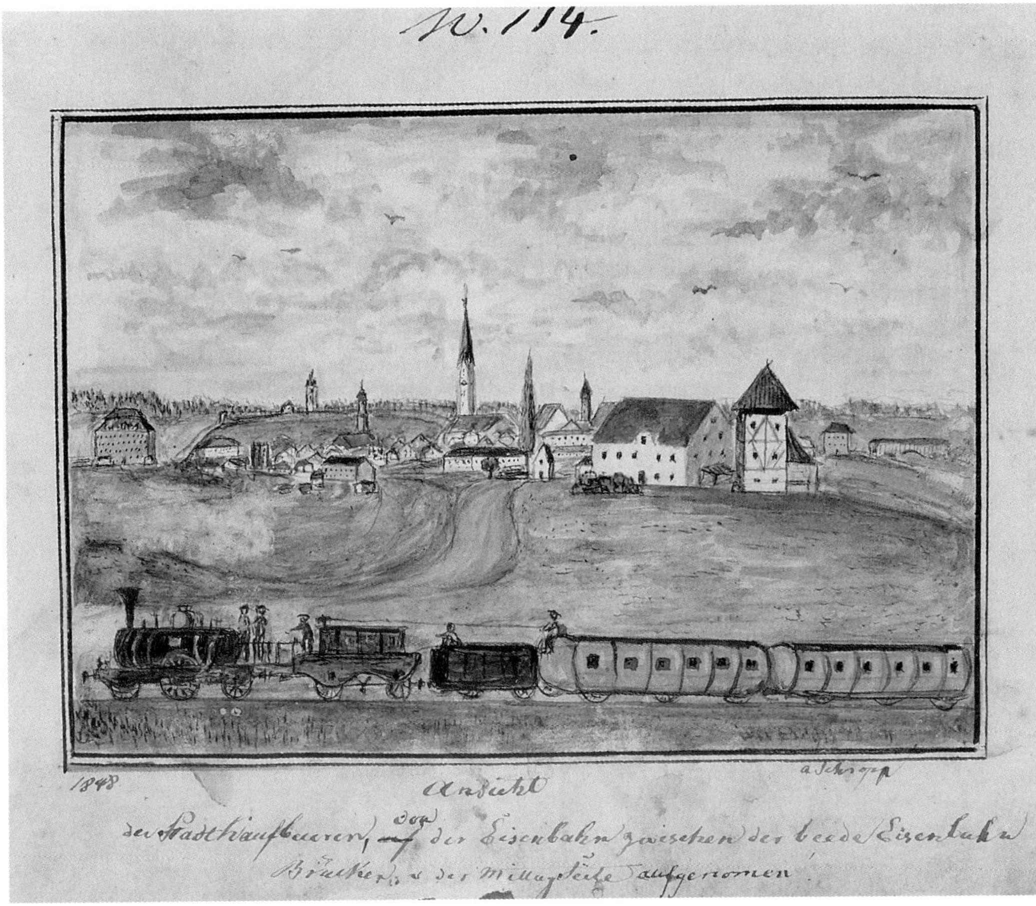

Eine frühe Darstellung der Ludwigs-Süd-Nordbahn vor der Kulisse Kaufbeurens.
Sammlung Reinhold Breubeck

daß sich unter den etwa 2,2 Mio. m^3 Füllstoff auch eine beim Bau abgestürzte Lokomotive befindet, wird sich wohl nie beweisen oder ausrotten lassen.

Schließlich war es am 12. Oktober 1853 soweit. Das letzte Teilstück von Oberstaufen bis vor die Tore Lindaus, der späteren Station Lindau-Aeschach, war fertiggestellt und der erste Zug verkehrte. Wäre alles wie vorgesehen verlaufen, hätte am Namenstag von König Maximilian II. der Eröffnungszug nicht in Aeschach enden müssen, aber wie so oft kam es anders als man denkt. Im Sommer 1851 begannen die Arbeiten am Damm zwischen dem »Festland« und der Insel, auf der Lindau im Bodensee liegt. Mit Hilfe von Dampfschiffen ließ der Sektionsingenieur Ludwig Fries vom schweizerischen Ufer Steine heranbringen und in den See kippen. Dummerweise verschwanden aber beträchtliche Mengen des Baumaterials, ohne daß ein Damm zu sehen war. Nähere Untersuchungen des Seegrundes gaben wenig später die Antwort. Die Steine hatten sich auf dem harten Untergrund, der sich unter einer weichen Lehmschicht befand, großflächig verteilt, was mit den vorhandenen Mitteln nur schwer zu verhindern war. Erst 1853 war der Damm vollständig aufgeschüttet, senkte sich aber immer mehr ab. An einen Eröffnungs-

Der Knackpunkt des Bahnbaues bei Lindau – der Bodenseedamm. Foto: Stephan Kuchinke

Eine Darstellung von J. B. Lachmüller aus dem Jahr 1844. Der Zug befährt jedoch die Strecke nach Lichtenfels, die erst 1846 eröffnet wurde. Der Künstler setzte einfach vor die schönste Ansicht Bambergs den Dampfzug. Sammlung Frank von Meissner

termin 12. Oktober 1853 für den Damm war nicht zu denken. Erst eine andere Bauweise und andere Materialien brachten den Durchbruch. Nach Aufnahme des planmäßigen Verkehrs über den Damm am 1. März 1854 fand die Eröffnungszeremonie am 13. Juli unter Anwesenheit König Maximilians II. statt. Als Umrahmung paradierten die 18 Schiffe, die zum Transport des

ÜBERSICHTSKARTE DER LUDWIG-SÜDNORDBAHN

von

Lindau bis zur Reichsgränze bei Hof.

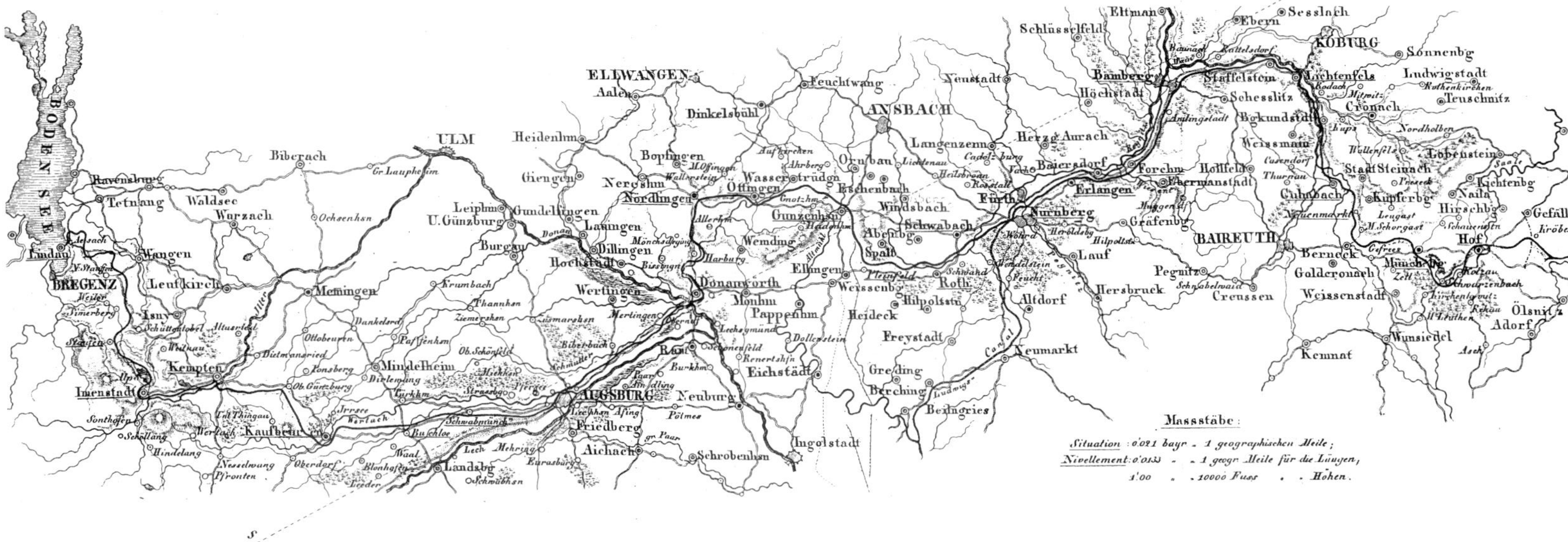

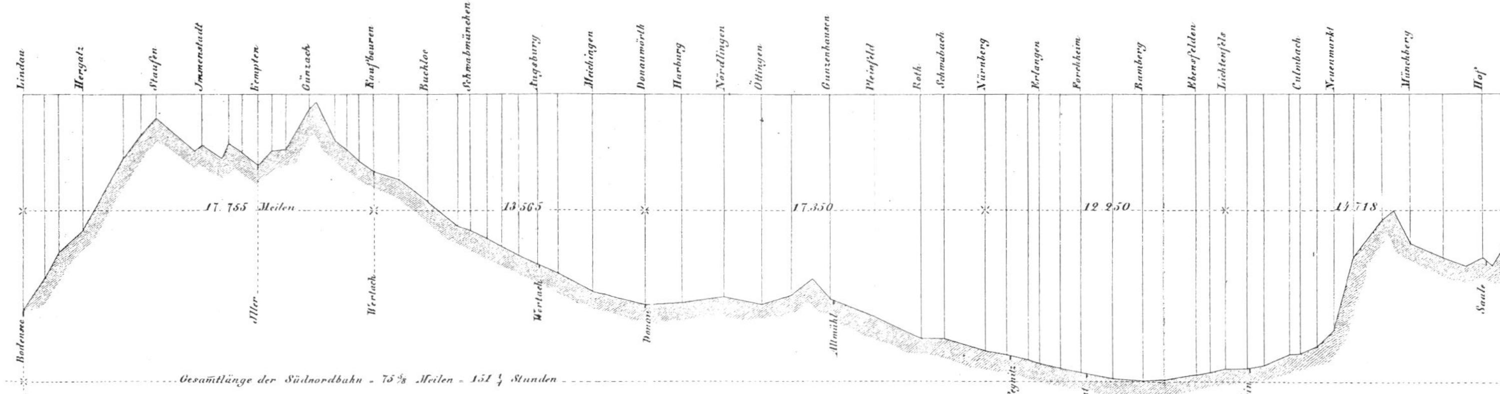

Die gesamte Ludwigs-Süd-Nordbahn. Aus: Bauernfeind: Beschreibung der königl. Bayerischen Staatseisenbahnen

Bei Erlangen kamen sich Eisenbahn und Kanal recht nahe. Sammlung Frank von Meissner

Baumaterials zum Damm eingesetzt gewesen waren und am Abend gab es eine festliche Illuminierung des neuen Hafens[9]. Die Ludwigs-Süd-Nordbahn hatte beinahe zehn Jahre nach Eröffnung des ersten Teilstückes Nürnberg–Bamberg ihr endgültig letztes Teilstück erhalten.

Als 1856 auch der von Eduard Rüber, Architekt der Eisenbahnbau-Commission, entworfene Hafen von Lindau mit Löwenstandbild und Leuchtturm fertiggestellt war, enthüllte man während eines rauschenden Festes am 12. Oktober 1856, dem Namenstag des Königs, an der Hafenpromenade das Denkmal Maximilians II.

Von Hof ab durchzog die neue bayerische Magistrale das Fichtelgebirge, wo die größte Steilrampe entstanden war, erreichte mit Bamberg ihren niedrigsten Punkt (263 m ü. NN), gewann dann ständig an Höhe und umfuhr den Hahnenkamm mit dem Umweg über Nördlingen. Der mit 801 m ü. NN höchstgelegene Bahnhof war Günzach kurz vor Kempten. Südlich von Kempten schlängelte sich die Bahn konsequent auf bayerischem Boden durch das Voralpenland bis nach Lindau. Neben den großen Viadukten der »Schiefen Ebene« kann der Reisende auch heute noch einen richtigen Seedamm bestaunen. Und, eigentlich wider Erwarten, befindet sich der steilste Abschnitt im Norden des Landes.

Für den Bau der gesamten Ludwigs-Süd-Nordbahn wendete der bayerische Staat 58 149 038 Gulden[26] auf; veranschlagt waren 54 Millionen Gulden.

Während der Bauarbeiten wurden bedeutende archäologische Funde gemacht. Bei Nordendorf fanden sich im Herbst 1843 Gebrauchs- und Schmuckgegenstände sowie Waffen der Antike. Bei Augsburg wurde das Grabmonument eines Römers und seiner Gattin »en relief von mehr als Lebensgröße« sowie verschiedene Grabbeigaben und römische Münzen entdeckt[27].

Die Untersuchungen von Leopold von Klenze sahen zwischen Bamberg und Nürnberg vier Zugpaare und auf den anderen Strecken drei Zugpaare am Tag vor. Dies wurde auch größtenteils in die Tat umgesetzt, jedoch verkehrten teilweise bis zu fünf Zugpaare. Im Fahrplan vom 1. August 1852 gab es ein Eilzugpaar München–Hof. Ebenfalls durchgehend war ein Güterzug mit Personenbeförderung, der streckenweise auch nur als Personenzug verkehrte. Eine Reise von Kempten nach Hof nahm damals unter Benutzung des Eilzuges 17 Stunden und zehn Minuten in Anspruch. Der Reisende war von vier Uhr morgens bis 9.10 Uhr abends unterwegs und mußte einen Gulden und 40 Kreuzer zahlen.

Eisenbahnbauarbeiter

Ohne die vielen Arbeiter, die mit Schaufel und Spitzhacke die Strecke erst gebaut haben, könnten wir heute nicht zwischen Lindau und Hof mit dem Zug fahren. Zwar hatten die Unruhen von 1848 kaum Einfluß auf die Arbeiten, obwohl die Obrigkeit gerade den Eisenbahnbauarbeitern sehr mißtrauisch gegenüberstand, doch gab es andere Probleme. Als Beispiel sollen hier die Ereignisse des Jahres 1851 in der Nähe von Oberstaufen dienen.

Das dortige Baulos wurde von einem privaten Unternehmer übernommen, der jedoch schon bald die Löhne nicht mehr zahlen konnte. Der Akkordant, in den Unterlagen mit dem Namen Hammer bezeichnet, konnte nur mit Hilfe von Krediten die notwendigen Summen aufbringen. Die Arbeiter erhielten ihre Zahlungen oftmals Wochen zu spät. Die drei Wirte, die für die Verpflegung sorgten, mußten anschreiben und hatten bald Außenstände von bis zu 1500 Gulden. Zunächst verließen nur einige, oft gute, Arbeiter die Baustelle, aber schon bald kam es zum Streik. Daraufhin erhielt der Akkordant 4500 Gulden leihweise aus der Kasse der Sektion, um die Arbeiter auszuzahlen. Die Anführer des Streikes jedoch wurden »ausgehoben« und dem kgl. Landgericht zur Bestrafung übergeben, während die Auszahlung an alle anderen erfolgte[28].

Die Fortsetzung nach Leipzig

Der Bau der Strecke Landesgrenze–Leipzig oblag der privaten »Sächsisch-Baierischen Eisenbahn-Compagnie«, die am 22. Juni 1841 gegründet wurde. Bereits acht Tage später begannen die Bauarbeiten bei Raschwitz und Altenburg. Das Aktienkapital der Gesellschaft, das im Mai 1841 gezeichnet wurde, lag bei 4,5 Mio. Taler (in Süddeutschland war der Gulden offizielle Währung). Der sächsische Staat hatte sich beim Bau der Strecke Leipzig–Dresden noch zurückgehalten, nun aber die Förderung des Unternehmens durch eine Zinsgarantie übernommen. In Eisenbahnaktien wurde investiert, um Gewinn zu machen. War nur eine geringe Rendite zu erwarten, war das Interesse auch gering. Die staatliche Zinsgarantie sicherte dem Aktieninhaber eine bestimmte Rendite, indem der Staat bei Verlusten der Gesellschaft die Auszahlung der Zinsen übernahm. Außerdem beteiligte sich Sachsen mit 1,5 Mio. Talern an den Baukosten.

Im Gegensatz zu Bayern trieb die Gesellschaft den Bahnbau voran. Unter der Leitung des sächsischen Majors Oberingenieur Karl Theodor Kunz entstanden zunächst die 38,5 km Strecke von Leipzig nach Altenburg. Am 19. September 1842 zogen die beiden Lokomotiven SAXONIA und BAVARIA die beiden 25 Wagen langen Eröffnungszüge über die Strecke. Der Bahnhof in Leipzig, »Bayerischer Bahnhof« genannt, war noch nicht einmal fertiggestellt. Insgesamt waren am Bau 2 400 Arbeiter beteiligt. Der Bahnbau ging zunächst zügig weiter, doch je mehr man ins Gebirge bei Reichenbach vordrang, um so teurer wurde der Bau. Für den Abschnitt Reichenbach–Plauen waren die beiden Brücken über das Elster- und das Göltzschtal zu bauen. 1846 begann man mit dem Bau, im Endeffekt kosteten beide Brücken zusammen wesentlich mehr, als die Gesellschaft an Kapital aufweisen konnte. Je weiter der Bau fortschritt, um so mehr näherte sich das Unternehmen dem Bankrott. Schließlich wurden die Arbeiten aufs äußerste reduziert und beinahe eingestellt. Die finanziellen Schwierigkeiten veranlaßten den Staat zur Übernahme des Baues, was der sächsische Landtag am 17. Juli 1846 beschloß. Daraufhin bot die Eisenbahn-Compagnie ihren gesamten Besitz dem Staat zum Kauf an. Sachsen löste die Aktien durch Staatsobligationen mit 3% Zins ab. Am 1. April 1847 kam Sachsen in den Besitz seiner ersten Staatsbahn. Erst 1851 konnte das letzte Teilstück in Betrieb genommen werden, zwei Jahre nach dem vorgesehenen Termin.

Interessant ist in diesem Zusammenhang das Entstehen der Göltzschtalbrücke. Beim Gründen des Fundamentes für den Mittelpfeiler stieß man auf eine Schieferschicht, die unter dem Einfluß der Luft immer mehr aufweichte. Es war daher nicht mehr möglich, den Pfeiler zu bauen. Die schleunigst ausgearbeitete Alternative war die Verstärkung der beiden benachbarten Pfeiler und das Schlagen eines größeren Bogens[29].

Architektur der Bahnhöfe

Der Eisenbahnbau brachte den Architekten ganz neue Probleme. Ließen sich Güterhallen und Lokremisen noch einigermaßen problemlos aus den Erfahrungswerten und den Bedürfnissen des Betriebes heraus dimensionieren, waren Empfangsgebäude etwas völlig neues. Die Eisenbahnbau-Commission zeichnete neben dem Streckenbau auch für die Hochbauten verantwortlich. Zunächst glaubte man, ebenso wie beim Ludwigskanal, ohne einen »richtigen« Architekten, d. h. einen Ingenieur (damals sollte zumindest jeder Ingenieur alle Fächer beherrschen), der sich ausschließlich um Hochbauten kümmerte, auszukommen. Den beiden technischen Vorständen Pauli und Denis wurde daher mit Hermann Lehritter ein Oberingenieur zur Seite gestellt, der auch für die Gebäude zuständig war.

Lehritter stürzte sich zwar in die Arbeit – ausschließlich Empfangsgebäude – hatte aber wenig Erfolg. Als öffentliche Bauten, die absolut vorbildlich sein sollten, gelangten die Entwürfe im März 1842 zum Baukunstausschuß, der sie vollständig ablehnte. Der Ausschuß, Mitglieder

Der letzte Bahnhof, der an die Ludwigs-Süd-Nordbahn angeschlossen wurde, war Lindau.
Sammlung Reinhold Breubeck

Der Augsburger Staatsbahnhof.
Sammlung Reinhold Breubeck

Vor dem alten Nürnberger Staatsbahnhof warten um die Jahrhundertwende Kutscher auf ankommende Reisende. Wenig später wurde das Gebäude im mittelalterlichen Stil durch einen Neubau ersetzt.
Sammlung Bamberger Eisenbahnfreunde e. V.

waren Friedrich Andreas Klumpp, Friedrich Ziebland, Friedrich Gärtner und Leo von Klenze, erarbeitete neue Pläne für Meitingen, Baiersdorf, Forchheim, Augsburg, Bamberg und Erlangen.

Der architektonische Mißstand veranlaßte Ludwig I., auf Vorschlag des Innenministers von Abel am 8. Juli 1842 Eduard Rüber als Archi-

Das Bahnhofsgebäude von Staffelstein; 1994.
Foto: Frank von Meissner

tekten der Eisenbahnbau-Commission zu berufen. Das architektonische Büro war entstanden. Rüber bearbeitete nun eineinhalb Jahre die Entwürfe des Baukunstausschusses, die er teilweise sehr stark veränderte. Diese Arbeiten, u. a. mußten auch Kostenvoranschläge aufgestellt werden, nahmen den Architekten so in Anspruch, daß 1844 noch nicht einmal mit dem Bau aller Gebäude begonnen war. So hatten sich die Reisenden zwischen 1844 und 1846 in Bamberg mit einem provisorischen Gebäude aus Holz zu begnügen. Diese Verzögerungen führten dazu, daß man im Jahr 1844 innerhalb weniger Monate zwei weitere Architekten berief. Unter der Leitung von Eduard Rüber nahmen Friedrich Bürklein und Gottfried Neureuther die Arbeit auf. Jedoch gab es am Anfang wenig Besserung, da Rüber alle größeren Bahnhöfe selbst entwarf. Erst als das architektonische Büro im September 1846 von Nürnberg nach München verlegt worden war und die Gebäude nach Strecken aufgeteilt waren, entspannte sich die Situation. 1846 arbeiteten neben Bürklein und Neureuther – Rüber war in Nürnberg mit der Ausführung der Bauten beschäftigt – acht Zeichner für die Ludwigs-Süd-Nordbahn. Im Jahr 1848 schied Neureuther aus dem Büro aus. Weitere vier Jahre später waren alle Entwurfsarbeiten fertiggestellt[30].

Auf Weisung Ludwigs I. hatten die Hochbauten dem »antik-römischen Style« zu entsprechen, lediglich Nürnberg stellte eine Ausnahme dar. Hier sollte der Stil des Mittelalters Anwendung finden, um den Bahnhof an das Stadtbild anzugleichen. Ebenfalls auf den Wunsch des Königs geht es zurück, daß Stadtbefestigungen, sofern sie wie in Nürnberg und Augsburg ohnehin nicht noch militärischen Zwecken dienten, unbeschadet den Bahnbau überstehen mußten. In Lichtenfels entstand sogar extra ein neues Stadttor. Die Gebäude südlich von Augsburg wurden durch den Wunsch Maximilians II. geprägt, den Gebirgsstil anzuwenden, der dem Allgäu eigen war.

Zweck des Empfangsgebäudes war es, dem Reisenden den geregelten und sicheren Zugang zur Bahn zu ermöglichen. Entsprechende Räumlichkeiten mußten im Erdgeschoß vorhanden sein. Zum einen handelte es sich hier um Dienstzimmer, die etwa 20 bis 45 m^2 groß waren. Die ersten Gebäude hatten nur ein Billetbüro und ein Gepäcklokal, die beide an den oder die Wartesäle angrenzten. Bereits frühzeitig mußten die Amtszimmer freien Blick auf die Bahn haben, d. h. auf der Gleisseite liegen. Größere Stationen hatten schließlich noch einen speziellen Raum, in dem sich der Stationsdiener aufhalten konnte, da er dort auch nachts anwesend sein mußte.

Die ersten Jahre kam der Betrieb mit diesen Räumlichkeiten aus, jedoch ab 1847, mit Vereinigung der staatlichen Post und der Eisenbahn zu den Königl. Bayerischen Verkehrsanstalten mußte noch weiterer Platz geschaffen werden. Alle Expeditionsstellen (so wurden die Bahnhöfe und Halte damals bezeichnet) erhielten eine Postanstalt – wiederum ein eigenes Zimmer. Schließlich kam auch noch die Telegraphie hinzu. 1850 nahmen die Telegraphenlinien entlang den Bahnstrecken München–Bamberg–Hof und Bamberg–Aschaffenburg den Betrieb auf. Die dazugehörigen Büros fanden sich natürlich in den Bahnhöfen. Da der Betrieb ständig zunahm und zahlreiche neue Posten geschaffen wurden, nahm die Anzahl der auf den Expeditionsstellen eingesetzten Eisenbahner immer mehr zu. Die Anzahl und Größe der Dienstzimmer mußte Schritt halten.

Der erste Hofer Bahnhof war als Kopfbahnhof ausgeführt. Eine Ansicht von der Straßenseite.
Sammlung Stadtarchiv Hof

Besonderes Augenmerk legten die Architekten aber auf die dem Reisenden zugänglichen Räume. Auf kleineren Stationen genügte für diesen Zweck ein Wartesaal, der den Fahrgästen aller drei Klassen zugänglich war. Auf größeren Bahnhöfen gab es zwei Wartesäle, unterteilt nach III. Classe und I./ II. Classe. Zunächst waren beide gleich groß, jedoch nach 1845 wählte man nach badischem Vorbild ein Größenverhältnis von zwei zu eins zugunsten der III. Classe. In den Wartelokalitäten hatte sich der Reisende meist 15 Minuten vor der Abfahrt des Zuges einzufinden, weil dann der Fahrkarten- und der Gepäckschalter schloß. Ein direkter Zugang zum Bahnsteig war nicht möglich. Kurz vor der Abfahrt rief ein Betriebsbeamter den Zug auf und begleitete die Fahrgäste zu ihren Abteilen. Die Diensträume hatten durch Fenster eine Verbindung zu den Wartesälen. Zunächst wehrte sich die Staatsbahn rigoros gegen eine Bewirtung der Wartenden im Bahnhof. Man befürchtete zu Zeiten der Revolutionsunruhen um 1848, daß sich »Elemente« in den Wartelokalitäten zusammenrotten konnten. Erst das Vorbild in Norddeutschland brachte um

1850 einen Wandel dieser Einstellung. Die bereits erbauten Bahnhöfe erhielten nachträglich die notwendigen Einrichtungen einer »Restauration«, die neuen Gebäude im Allgäu nahezu ausnahmslos gleich beim Bau.

Schließlich standen den Reisenden auch Abtritte (Toiletten), untergebracht in Anbauten oder als einzelne kleine Bauten, zur Verfügung – jeweils nach Geschlechtern und nach Ankommenden und Abfahrenden getrennt[30].

Im Einheitswartesaal (derjenige für alle drei Classen) und im Wartesaal III. Classe standen im Allgemeinen einfache Bänke aus Weichholz an der Wand entlang, die teilweise halbhoch getäfelt war, um als Rückenlehne zu dienen. In der Mitte stand, fest eingebaut, ein einfacher, aber gut gearbeiteter Tisch. Alle Holzteile erhielten einen sorgfältigen eichenfarbigen Anstrich.

Die Wartesäle I. und II. Classe waren mit hellgelb polierten Kirschholzmöbeln mit Seiten- und Rückenlehne aus Rohrgeflecht ausstaffiert.

Die größeren Bahnhöfe Bamberg, Augsburg und Hof erhielten eine wesentlich gediegenere Ausstattung. Hier standen etwa zehn Sofas aus poliertem Kirschbaumholz mit Arm- und Rückenlehnen. Sie hatten Polster mit Sprungfedern, waren halb mit Seegras und Roßhaar gefüllt und mit rotem Saffianleder überzogen. Zusätzlich gab es noch ein Dutzend niedriger Stühle ohne Lehne und einen großen runden Tisch. Die Wände hielt man in Grüntönen mit verschlungenem Dekor. Zwei Wandlampen mit weißen, wappenförmigen Schirmen und ein gußeiserner Leuchter spendeten ausreichendes Licht.

Eine weitere Ausnahme stellte Nürnberg dar. Als geplanter Verwaltungssitz der bayerischen Eisenbahn (was aber dann München wurde) war die Ausstattung geradezu luxuriös. Türen mit Messingbeschlägen, teilweise mit Teppichen verkleidete Wände und Deckenmalereien sprechen für sich. Beide Wartesäle hielt der Architekt zum Gebäude passend im Stil des Mittelalters[31].

König Ludwig I. selbst bestimmte auch, daß es keine Separaträume für Höchste Herrschaften geben sollte[30].

Die interessanteste Eigenart der fränkischen Gebäude sind die Bahnwärterkasernen, die niemals ihrer eigentlichen Bestimmung dienten. Ursprünglich sollten die Bahnwärter auf Stationen übernachten und am Morgen zu Fuß zu ihren bis zu drei Kilometern entfernten Posten, kleinen Holzhütten, gehen. Da sich ein Großteil dieses Personals aus ehemaligen Soldaten rekrutierte, eine naheliegende Idee. Diese bayerische Eigenart hielt sich jedoch nicht lange. Ab 1848 gab es an den Wärterposten Wohngebäude, lediglich Bahnwärter von nahe an Stationen gelegenen Posten wohnten im Bahnhofsgebäude. Neue Bahnwärterkasernen, die übrigens fast immer mit dem Stationsgebäude zusammengefaßt waren, entstanden nicht mehr, die meisten der bereits vorhandenen kamen nie zu ihrer eigentlichen Nutzung[30].

3

Die ersten bayerischen Lokomotiven

Die Classe A I

Die Eisenbahnbau-Commission war neben dem Streckenbau auch für den späteren Betrieb verantwortlich. Es oblag ihr deshalb auch, die Betriebsmittel zu beschaffen. In den Anfangszeiten der Eisenbahn in Deutschland bauten private Gesellschaften einzelne, mehr oder weniger lange Strecken. Oft waren nur wenige Lokomotiven im Bestand, so daß ein einheitlicher Lokpark nicht notwendig erschien. Außerdem machten die damaligen Fertigungsmethoden aus beinahe jeder Maschine ein Einzelstück. Der ADLER wurde 1835 aus Großbritannien importiert, erst 1838 gelang es, die erste brauchbare Lokomotive in Deutschland zu bauen, die SAXONIA der Leipzig-Dresdner-Eisenbahn. Bei den Privatbahnen sammelte sich durch Käufe im Ausland und erste eigene Konstruktionen ein Querschnitt durch alles technisch Machbare an.

Friedrich August Pauli, technischer Vorstand der Commission, beschritt völliges Neuland, als er den Lokomotivbauern vorschrieb, wie sie die neue bayerische Lokomotive zu bauen hatten. In insgesamt zwölf Paragraphen wurden die technischen Einzelheiten festgelegt. Das Programm war das Ergebnis von Vergleichen zwischen bereits im Betrieb befindlichen Maschinen in Europa. Solch genaue Vorgaben hat es später wohl nicht mehr gegeben.

Nach § 1 erhielten die Maschinen »drei unwandelbar parallele Achsen mit sechs Rädern« [32] (Die Achsanordnung 1 A 1 war mehr oder weniger selbstverständlich). Die Zylinder sollten außerhalb der »Rauchbüchse« liegen, beim ADLER lagen sie innerhalb der Rauchkammer. Der § 2 definierte den Kessel genauer. Als Baustoffe wurden »das beste Eisenblech«, für den »Feuerkasten« (Feuerbüchse) Kupfer und die »Feuerröhren« Messing vorgesehen. Der Kessel mußte so gebaut sein, daß bei einem »kalten Wasserdruck von zwölf Atmosphären kein Bruch, keine Verletzung und keine Ausbiegung der Bleche von mehr als 6 millimêtres oder 2 bayerischen Dezimal-Linien entsteht«[32]. Die Angabe in Millimeter wurde vorgenommen, da mit J. J. Mayer & Cie. eine französische Firma am Auftrag beteiligt wurde. Der Betriebsdruck war auf fünf Atmosphären (fünf bar) festgesetzt. Bei diesem Druck mußte der Kessel 100 engl. Kubikfuß (ca. 2, 8 m^3) Wasser in der Stunde verdampfen, wobei die Geschwindigkeit der Lokomotive mit etwa 32 Kilometern pro Stunde angenommen wurde. Die Fahrgeschwindigkeit hat durch den Saugzug durch den Kessel Einfluß auf die Verdampfung. Die Rostfläche war für Steinkohlen-Feuerung auszubilden. Weitere Festlegungen betrafen die Klappen am Aschkasten, ein Wasserglas und drei Probierhähne für den Wasserstand, die Position der beiden Sicherheitsventile, wobei eines als Druckwaage den Kesseldruck anzeigen mußte, zwei Dampfrohren zur Vorwärmung des Tenderwassers und Dampf- oder Handpumpen zum Speisen während des Stillstandes der Lokomotive. Festgelegt wurde auch, daß die Höhe des Kamins über der Schienenoberkante höchstens »4,23 mêtres« betragen darf. »Von Cylindern und der Steuerung« handelte der § 3. Detaillierten Maßangaben in englischen Zoll und Millimetern für den Kolbenhub, den Kolbendurchmesser sowie die Bewegungen des Schiebers folgten den Materialangaben. »Das Material zu den Cylindern muß bester Eisenguß seyn; das Material zu den Kolbenstangen und den Dampfschieberstangen dagegen Gußstahl.«[32] Im § 4 wurde neben den Werkstoffen auch der Durchmesser der Räder angegeben. Die Treibräder sollten fünf engl. Fuß (1524 mm) und die Laufräder drei engl. Fuß (914 mm), der Achstand nicht mehr als 11 engl. Fuß (3352 mm) messen. Paragraph 5 legte zum Rahmen fest, daß er sich bei »ganzer Dampffüllung und einer Spannung von 5 Atmosphären und 9 bis 10 Wegstunden Geschwindigkeit per Zeitstunde« [32] nicht verformen darf. Außerdem wurden Schienenräumer und eine möglichst große Last auf die Treibachse gefordert. Eine vollständige Überkleidung des Kessels und der Zylinder mit Holz bestimmte der § 6. Die Paragraphen 7 und 8 befaßten sich mit dem Tender und dessen Verbindung mit der Lokomotive. »Ein Räderpaar des Tenders muß [...] von zwei Seiten her, [...] auf das Kräftigste gebremst werden können [Die Lok hatte keine Bremse; der Verf.].«[32] »Von dem Anstrich der Lokomotiven und Tender« handelte § 9. »Maschinen und Tender müssen auf das Sorgfältigste, Reinlichste und Dauerhafteste mit dunklen Farben angestrichen werden, nachdem dieselben vorher mehrmals grundirt, und mit Bimsstein wieder abgeschliffen worden sind.«[32] Um die Jahrhundertwende dauerte das Lackieren bayerischer Lokomotiven bis zu zwei Wochen. Paragraph 10 enthielt die oft zitierte, für die damalige Zeit geradezu revolutionäre Forderung: »Alle Locomotiven und Tendern müssen in ihrer Construktion im Allgemeinen sowohl, als insbesondere in den mechanischen Theilen, den Gewinden etc. nach bestimmten Kalibern genau gleich gearbeitet werden, so daß jedes Stück einer Maschine an dieselbe Stelle einer jeden anderen so passen muß als ob es ursprünglich dafür bestimmt gewesen wäre.«[32] Diese Forderung war sehr schwer zu erfüllen, da gehärteter Stahl bis ins 20. Jahrhundert hinein nicht bearbeitet werden konnte. Die Garantieleistungen des Herstellers wurden in § 11 festgelegt. Die Lokomotiven mußten 1000 bayerische Poststunden (3710 km) im ordentlichen Dienste laufen. Sollte innerhalb dieser Zeit ein Schaden auftreten, hatte der Lieferant dafür aufzukommen. Als Leistung der Maschinen forderte die Commission auf 1:300-Steigungen 90 t und auf 1:200-Steigungen 70 t Anhängelast bei ruhiger Luft und einer Geschwindigkeit von neun Wegstunden (ca. 33,37 km/h). Nach § 12 durfte die Lokomotive zwölf bis fünfzehn Tonnen wiegen[32].

Die Vertreter der drei mit dem Auftrag bedachten Firmen genehmigten das Programm und erhielten jeweils eine Ausfertigung ausgehändigt. Auf dieser Basis wurde am 15. April 1843 in den Räumen der Eisenbahnbau-Commission in Nürnberg der Vertrag über 24 Lokomotiven unterzeichnet. Jeweils acht Maschinen sollten J. J. Mayer & Cie. in Mühlhausen, Keßler & Martiensen in Karlsruhe und das Eisenwerk Hirschau bei München, das Werk von J. A. Maffei, liefern. Als Liefertermine bestimmte der Artikel III den 15. August 1844 mit 12 (sechs von Mayer, vier von Keßler & Martiensen, zwei von Maffei), den 1. Oktober 1844 mit sechs (jeweils zwei) und den 30. April 1845 mit sechs Maschinen (zwei von Keßler & Martiensen, vier von Maffei). Die Eisenbahnbau-Commission zahlte für die Lokomotiven mit Tender, in Nürnberg oder Augsburg angeliefert, an J. J. Mayer & Cie. jeweils 24 100 Gulden, an Keßler & Martiensen 25 000 Gulden und an das Eisenwerk Hirschau (später J. A. Maffei) 27 000 Gulden bayerischer Reichswährung. Der gesamte Auftrag hatte also ein Volumen von 14 155 200 Gulden. Die Bezahlung erfolgte in drei Raten, jeweils zu einem Drittel des Gesamtpreises. Die erste Rate sollte nach Eingang einer Bankbürgschaft (siehe unten), die zweite nach Ablieferung der jeweiligen Lokomotive und die letzte nach Ablauf der Gewährleistungsfrist bezahlt werden. Krauß-Maffei bezeichnete 1962 den damaligen Vertrag als wohl härtesten, der in der Geschichte des Werkes geschlossen wurde. Grund dafür war unter anderem der Artikel V, der eine Konventionalstrafe von 20 % des Preises für jede zu spät gelieferte Lokomotive vorsah. Die Firma hatte zur Sicherung der Konventionalstrafe eine Bürgschaft über 72 000 Gulden vorzulegen. J. A. von Maffei verpfändete für diese Bürgschaft seine Tabakfabrik, die 125 000 Gulden wert war [32]. J. J. Mayer & Cie. und Keßler & Martiensen hatten zusätzlich für die erste Rate zu bürgen, jeweils durch ein bayerisches Bankhaus. Den Vertrag unterzeichneten Pauli, Düring und Dr. Kreitmaier für die Eisenbahnbau-Commission, J. J. Mayer, Carl Stempf für Keßler & Martiensen, sowie Joseph von Maffei[32].

Der neuen Gattung wies man die Bezeichnung A I zu. Das damit eingeführte Bezeichnungsschema wurde bis zum Jahr 1901 angewendet. Ungekuppelte Maschinen bezeichnete man mit Classe A, zweifach-gekuppelte mit Classe B und dreifach-gekuppelte mit Classe C. Den Buchstaben folgte eine römische Ziffer, die fortlaufend vergeben wurde. Als Tenderlokomotiven aufkamen, kamen sie in die Classe D, was dazu führte, daß D-Kuppler die Classe E erhielten.

Classe A I
Zeichnung: Stephan Kuchinke

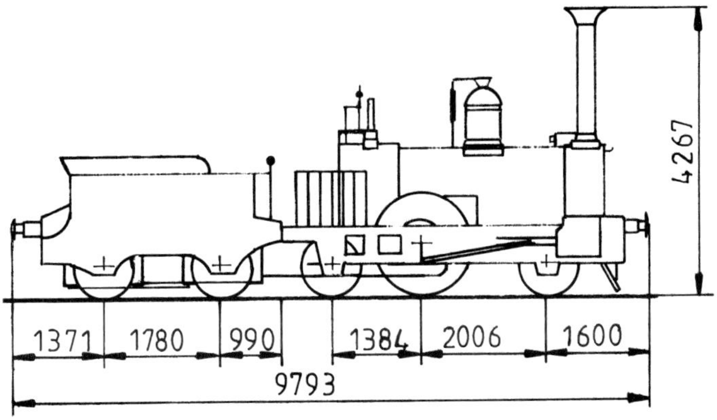

Mit der A I konnte die Bayerische Staatseisenbahn auf eine leistungsfähige und robuste Maschine zurückgreifen, die alle Erwartungen erfüllte. Die 24 Lokomotiven, die Namen und die Inventarnummern 1 bis 24 erhielten, waren 30 Jahre lang im Einsatz. Zwischen 1868 und 1874, als die ungekuppelten A I den schwereren Zügen nicht mehr gewachsen waren, wurden fünf Stück in B I und vier in C I umgebaut[33]. Die Staatsbahn verkaufte die drei Lokomotiven WALLENSTEIN, FAUST und PETER HENLEIN Mitte der 1870er Jahre an die Ludwigsbahn, wo sie als Reserve vorgehalten wurden[34].

Am Beispiel der Lok BAMBERG, Inventarnummer 9, im November 1844 von J. J. Mayer & Cie. geliefert, sollen die Leistungen und der Verbrauch von Betriebsmitteln dargestellt werden. Im Rechnungsjahr 1851/52* legte sie 9192,9 Wegstunden (ca. 34 078 km) und beförderte durchschnittlich 10,1 Wagen pro Fahrt. Neben den 452 regulären Fahrten absolvierte sie 45 Hilfs- und Probefahrten. Für diese Leistungen waren 1076 Kubikfuß Holz (26,75 m^3) und 82 600 Pfund Coaks (ein bayerisches Pfund entspricht 560 Gramm) nötig gewesen. An Schmierstoffen verbrauchte die Lok 1302 Loth Öl (22,785 kg, ein bayerisches Loth entspricht 17,5 Gramm) und 1339 Loth Talg (23,43 kg). Für Reparaturen wurden pro Wegmeile 12,56 Kreuzer aufgewendet [35].

Die Lokomotiven hatten bei einer Dienstmasse von 17, 2 t eine Reibungsmasse von 6, 8 t, die Gesamtlänge betrug 9793 mm, als Höchstgeschwindigkeit werden 40 km/h angegeben [36].

* Die Jahresberichte enthalten in den Statistiken noch wesentlich mehr Angaben; hier werden nur die wichtigsten angeführt.

Die Lokomotiven der zweiten Generation

Nachdem die neue bayerische Fernbahn der Fertigstellung entgegenging und der Verkehr stetig zunahm, wurden ab 1847 drei neue Gattungen beschafft. Als Weiterentwicklung der A I kam die A II in 13 Exemplaren zur Staatsbahn, der gleiche Kessel auf einem 1 B-Fahrwerk ergab die B I und speziell für die »Schiefe Ebene« (siehe Kapitel 5) entstand die C I.

Die A II lehnte sich an die neueste Stephenson-Entwicklung, den »Longboiler«-Typ, an. Auf einem kurzen Fahrwerk – der Achsstand betrug ursprünglich 3048 mm (A I: 3390 mm) – brachten die Konstrukteure einen langen Kessel unter. So ließen sich die Rauchgase besser ausnutzen, ohne die Kurvenläufigkeit der Maschine durch einen langen Achsstand zu verschlechtern. Allgemein litten diese Longboiler-Lokomotiven aber unter einem unruhigen Lauf. Bei höheren Geschwindigkeiten kamen sie ins Schlingern. Das äußere Erscheinungsbild des Kessels ist für heutige Augen ungewöhnlich. Die Feuerbüchse überragte den Langkessel, der keinen Dom trug, beträchtlich. Der gleiche Kessel wurde auch in die B I eingebaut, einen ähnlichen hatte die C I.

Während J. A. von Maffei sechs Lokomotiven lieferte, steuerte Keßler & Martiensen die restlichen sieben bei. Es war die letzte Lieferung des Karlsruher Unternehmens an die Bayerische Staatsbahn. Mit Ausnahme der am 26. Mai 1867 bei einer Kesselexplosion in Ebensfeld

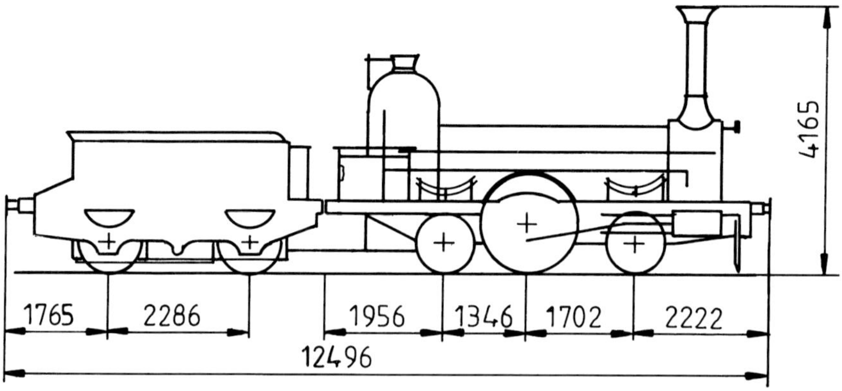

Classe A II
Zeichnung: Stephan Kuchinke

(zwischen Bamberg und Lichtenfels gelegen) zerstörten ÖDIPUS wurden alle Maschinen zwischen 1859 und 1871 in B I und C I umgebaut. Als letzte schied 1883 die CULMBACH durch Verkauf aus dem Dienst[37].

Anhand dieser, im November 1847 von Keßler & Martiensen gelieferten, Lokomotive (Inventarnummer 52) sollen die Leistungen und der Betriebsstoffverbrauch dargestellt werden. Im Rechnungsjahr 1851/52, übrigens dem ersten, zu dem die bayerischen Verkehrsanstalten einen Jahresbericht veröffentlicht haben, legte die CULMBACH bei 128 regulären sowie mehreren Hilfs- und Probefahrten 2747,15 Wegstunden (10 185 km) zurück und zog dabei durchschnittlich jeweils 11,7 Wagen. Die Heizer verfeuerten dabei 384 Kubikfuß Holz (9,55 m^3) und 165 000 Pfund Coaks und schmierten die Lager mit 200 Loth Öl (3, 5 kg) und 283 Loth Talg (4, 95 kg). Im Vergleich zu anderen Maschinen sind die Reparaturkosten mit 5 Gulden und 0,15 Kreuzer pro Wegmeile sehr hoch, was auf einen Unfall oder eine Entgleisung schließen läßt[35].

Mit 12 496 mm waren die A II deutlich länger als die A I. Die Raddurchmesser entsprachen der A I, während das Dienstgewicht mit 21,8 t und die Achslast mit 7,6 t höher waren. Ebenso wie die A I waren die Lokomotiven mit einem zweiachsigen Tender ausgestattet. Als Höchstgeschwindigkeit werden 45 km/h angegeben [36, 37].

Parallel zur zweiten ungekuppelten Lokomotive entstand auch der erste bayerische B-Kuppler. Die B I war für die schwereren gemischten Züge vorgesehen und wurde deshalb mit zwei 1372 mm großen Treibrädern ausgerüstet. Als Kuppelstangen dienten zwei dünne eiserne Rundstangen. Der Hersteller übernahm den Kessel der A II. Obwohl auch diese Gattung der Longboiler-Bauart entsprach, ist über ähnlich schlechte Laufeigenschaften wie bei der unge-

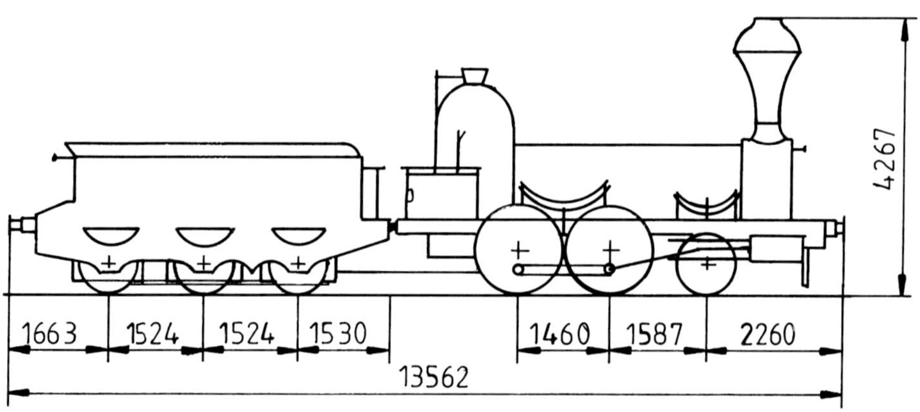

Classe B I
Zeichnung: Stephan Kuchinke

kuppelten Variante nichts überliefert, jedoch haben sich die langen Kessel nicht bewährt, sodaß man sie recht bald ersetzte[37].

Zwischen 1847 und 1850 lieferte die Maschinenfabrik von J. A. von Maffei (sie sollte im Laufe der Jahre der Hauptlieferant für bayerische Lokomotiven werden) insgesamt 22 Lokomotiven. Weitere elf entstanden durch Umbauten aus den Classen A I, A II, A III und A IV zwischen 1859 und 1877. Zum Einsatz kamen sie hauptsächlich auf den Abschnitten von Kulmbach bis Hof und von Kempten nach Lindau, die nach dem amerikanischen System gebaut worden waren. Die letzte B I wurde 1896, nach 46 Dienstjahren, ausgemustert[33].

Als Beispiel für diese Classe soll die im April 1848 von Maffei gelieferte HOF (Inventarnummer 36) dienen. Die im Rechnungsjahr 1851/52 zurückgelegte Wegstrecke beträgt 5445, 64 Wegstunden (ca. 20 190 km), befördert wurden durchschnittlich 17 Wagen. Die Leistung erbrachte die Lokomotive bei 328 regulären und einigen Hilfs- und Probefahrten. An Brennstoff verbrauchte die Lok 704 Kubikfuß Holz (17, 5 m^3), hauptsächlich zum Anheizen, und 589 500 Pfund Coaks. Der Bedarf an Öl betrug 603 Loth (10, 55 kg), der an Talg 1163 Loth (20, 35 kg). Im Vergleich zu anderen Maschinen ist der Schmierstoffverbrauch sehr hoch. Die Reparaturkosten lagen bei 44,69 Kreuzer pro Wegmeile [35]. Die HOF stand bis 1883 im Dienst.

Die Maschinen wogen 24, 8 t und waren mit 12 580 mm (mit zweiachsigem Tender) etwa genauso lang wie die parallel entstandene A II. Die bei Zintl (33) angegebene Höchstgeschwindigkeit von 65 km/h mag vielleicht etwas hoch sein, deutet aber auf den ruhigeren Lauf des B-Kupplers gegenüber der ungekuppelten Lok hin.

Speziell für die »Schiefe Ebene« lieferte Maffei zwischen 1847 und 1850 fünf Lokomotiven der Classe C I. Die beinahe sechs Kilometer lange Steigung von 1:40 erforderte von Anfang an Vorspann- bzw. Schiebelokomotiven. Auf den ursprünglichen Einsatz als Vorspann deutet der Name »Remorqueure« (franz.: Schlepper) hin, der im Zusammenhang mit der neuen Classe verwendet wurde.

Das dreiachsige Fahrwerk, die Kuppelstangen bestanden wieder aus Rundstäben, trug einen der A II und B I zumindest ähnlichen Kessel, auf dessen Scheitel ein Wassertank angebracht war. Mit Wasser gefüllt erhöhte der Wasserkasten das Reibungsgewicht um etwa zwei Tonnen. Zunächst ausschließlich auf der Steilstrecke eingesetzt, wurden die Maschinen um 1858, nach Ablieferung der ersten C II, im Rangierdienst verwendet. Nachdem noch 13 weitere Lokomotiven durch Umbauten aus den Classen A I, A II, A III und A IV hinzukamen, schied die Classe C I zwischen 1885 und 1895 aus dem Dienst[33, 37].

Im Rechnungsjahr 1851/52 legte die C I SAALE, im Februar 1849 von Maffei geliefert, bei 360 regulären Fahrten und mehreren Hilfsfahrten insgesamt 4643,76 Wegstunden (17 216,68 km) zurück. Die durchschnittliche Wagenzahl je Fahrt betrug 28,2, was im Vergleich mit den anderen Classen auf einen zusätzlichen Einsatz im schweren Güterverkehr schließen läßt. Der Brennstoffverbrauch lag bei 884 Kubikfuß Holz (ca. 22 m^3)

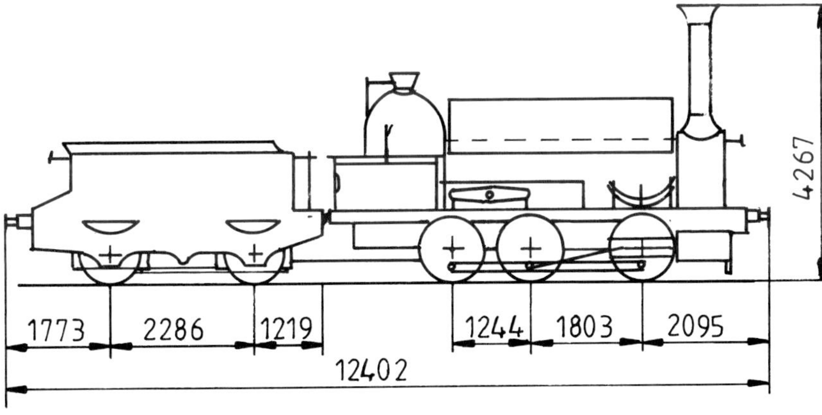

Classe C I
Zeichnung: Stephan Kuchinke

und 845 100 Pfund Coaks, an Schmierstoff wurden 895 Loth Öl (15,66 kg) und 1692 Loth Talg (29,61 kg) verbraucht. Die Reparaturkosten pro Wegmeile lagen bei 20,83 Kreuzer[35].

Die SCHARRER, die erste C I, verkaufte die Staatsbahn nach der Ausmusterung 1886 an Maffei zurück. Das Werk baute die Maschine in eine Tenderlok um und verkaufte sie an ein Eisenwerk in Böhmen. Nach 1912 verliert sich ihre Spur[37].

Die Maschinen waren 12 402 mm lang und hatten ein Reibungsgewicht von 26,4 t. Der Treibraddurchmesser betrug 1067 mm, was eine Höchstgeschwindigkeit von 40 km/h ermöglichte. Erstmals waren an den Rädern Gegengewichte angebracht, die die umlaufenden Massen ausgleichen sollten[36].

Allen drei Gattungen waren neben dem Longboiler-Kessel die außenliegenden Zylinder und die Innensteuerung gemeinsam.

Die letzten Universal-Lokomotiven

Nachdem 1850 die letzte B I ausgeliefert war, wurden mit den Classen A III und B II Weiterentwicklungen beschafft. Im Grunde war die A III der Versuch, die schlechten Laufeigenschaften der A II durch einen kürzeren Kessel und dadurch weniger Überhang zu verbessern. Um die Verdampfung nicht zu verschlechtern, vergrößerten die Konstrukteure die Anzahl der Heizrohre. 1851 und 1852 lieferte Maffei lediglich vier Maschinen. Da die Leistung nicht befriedigte, gab es keine weiteren Bestellungen. Jeweils zwei Lokomotiven baute man zwischen 1868 und 1871 in B I und C I um. Die Ausmusterung erfolgte bis 1878. Die Classe A III war die letzte bayerische Universallokomotive für die nach dem englischen System erbauten Streckenabschnitte[33].

Im Januar 1852 wurde die PEGNITZ, Inventarnummer 75, von Maffei geliefert. Noch im laufenden Geschäftsjahr legte sie 2464,61 Wegstunden (9137,5 km) mit durchschnittlich 12,7 Wagen zurück. Insgesamt wurden 123 reguläre Fahrten durchgeführt. Zum Anheizen verwendeten die Heizer 680 Kubikfuß (16,9 m³) Holz.

Zum damaligen Zeitpunkt waren viele der südlich der Donau eingesetzten Lokomotiven mit Torffeuerung ausgestattet. Der Brennstoff war dort günstig zu beschaffen, was seinen niedrigeren Heizwert ausglich. Wegen des Funkenfluges besaßen die Maschinen einen speziellen, kegel- oder birnenförmigen Schornstein mit Funkenfänger. Außerdem mußte der Tender zur Aufnahme des voluminösen Torfes nach oben hin vergrößert und zum Schutz gegen Feuchtigkeit mit einem Dach versehen werden. Für die vorstehenden Leistungen verschwanden 36 799 Kubikfuß (914,9 m³) Torf in der Feuerbüchse. Der Schmierstoffverbrauch lag bei 449 Loth Öl (7,86 kg) und 585 Loth Talg (10, 24 kg), während für Reparaturen je Wegmeile 18, 45 Kreuzer nötig waren [35].

Mit 11 290 mm Länge war die A III um 1, 2 m kürzer als die A II (bei gleichem Tender). Nach Quelle (36) erhielten die Lokomotiven später einen

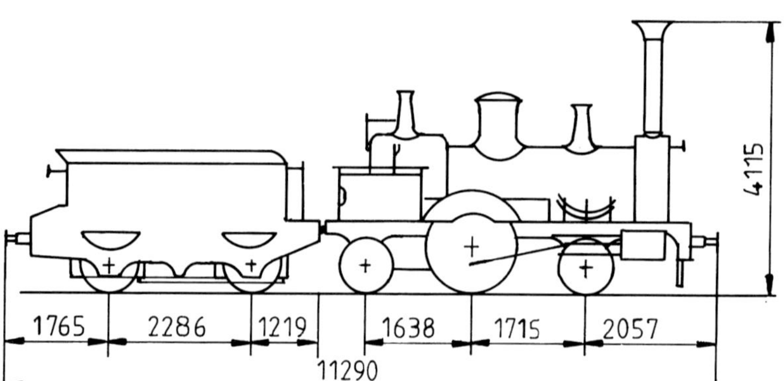

Classe A III
Zeichnung: Stephan Kuchinke

Classe B II
Zeichnung:
Stephan
Kuchinke

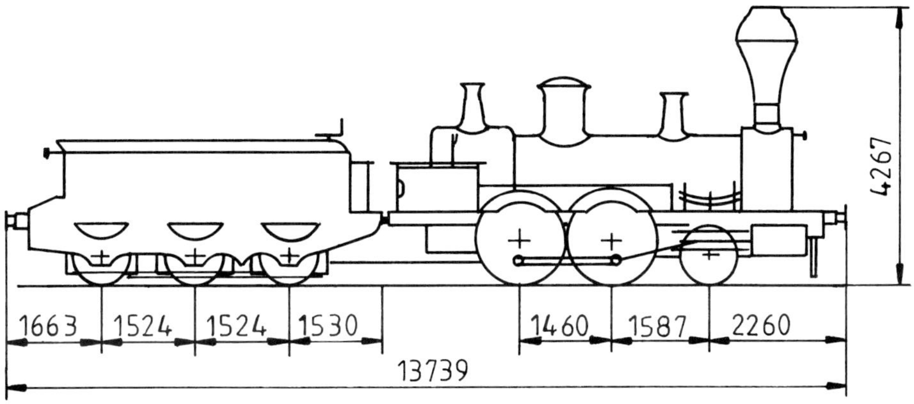

dreiachsigen Tender. Die mit 8,8 t um 1,2 t gegenüber der A II höhere Reibungsmasse konnte aber durch den insgesamt leistungsschwächeren Kessel nicht ausgenutzt werden. Der Treibraddurchmesser betrug, wie schon bei den beiden vorhergehenden Bauarten der Classe A, 1524 mm, was zu einer Höchstgeschwindigkeit von etwa 50 km/h führte[36].

Gleichzeitig mit der Classe A III entstand der zweite B-Kuppler. Die B II besaß jedoch einen Langrohrkessel, bei den geringen Geschwindigkeiten im gemischten Dienst spielten die ungünstigen Laufeigenschaften dieser Bauart keine große Rolle. Maffei lieferte 1851 und 1852 insgesamt 14 Lokomotiven, die im gemischten Dienst und auf den kurven- und steigungsreichen Streckenabschnitten eingesetzt wurden. Die Ausmusterung der Maschinen, die sich gut bewährten, erfolgte zwischen 1876 und 1887[37].

Am Beispiel der LECHFELD, Inventarnummer 82, seien wiederum die Leistungen dargestellt. Maffei lieferte die Lok im Juni 1852. Sie legte im laufenden Rechnungsjahr bei 133 regulären Fahrten noch 2112,55 Wegstunden (7832,25 km) mit durchschnittlich 16,4 Wagen zurück. Laut Statistik wurde sie nur mit Holz gefeuert, insgesamt waren es 7344 Kubikfuß (182,6 m^3). Der Ölverbrauch lag bei 351 Loth (6,14 kg), der Talgverbrauch bei 267 Loth (4,67 kg). Zur Reparatur wendete die Staatsbahn 10,16 Kreuzer pro Wegmeile auf[35].

Der Treibraddurchmesser, 1372 mm, war von der B I unverändert übernommen worden. Auch zu dieser Classe gibt Zintl (33) 65 km/h als Höchstgeschwindigkeit an. Die Länge der Maschine betrug 13 739 mm bei einem Gewicht von 24 t. Wiederum kamen zum Kuppeln der beiden Treibachsen Rundeisen zur Anwendung[33, 37].

Erste Schnellzuglokomotiven

Noch während die letzten B II abgeliefert wurden, kamen schon die ersten Lokomotiven zweier neuer Classen zur Staatsbahn. Die A IV war die erste bayerische Schnellzuglokomotive, ihr oblag das Befördern der Eilzüge, die seltener hielten, während die anderen Gattungen für die Personen- und Güterzüge Verwendung fanden. Wiederum Maffei lieferte alle acht Maschinen in den Jahren 1852 und 1853. Der auf 1676 mm vergrößerte Treibraddruchmesser verlieh ihr eine Höchstgeschwindigkeit von 70 Stundenkilometern.

Im Rechnungsjahr 1851/52 wurden die neuen Maschinen noch nicht erfaßt, deshalb sind die folgenden Leistungsdaten dem Jahresbericht von 1860/61 entnommen. Die Lokomotive SCHWEINFURT, als dritte der Classe 1852 mit der Inventarnummer 86 geliefert, legte damals 5931,5 Wegstunden (21 990,96 km) bei 157 regulären Fahrten zurück, d. h. pro Fahrt durchschnittlich 140 Kilometer. Die SCHWEINFURT war ebenfalls torfgefeuert, denn die Statistik weist neben dem obligatorischen Anheizholz – 787,5 Kubikfuß (19,57 m^3) – auch 80 750 Ku-

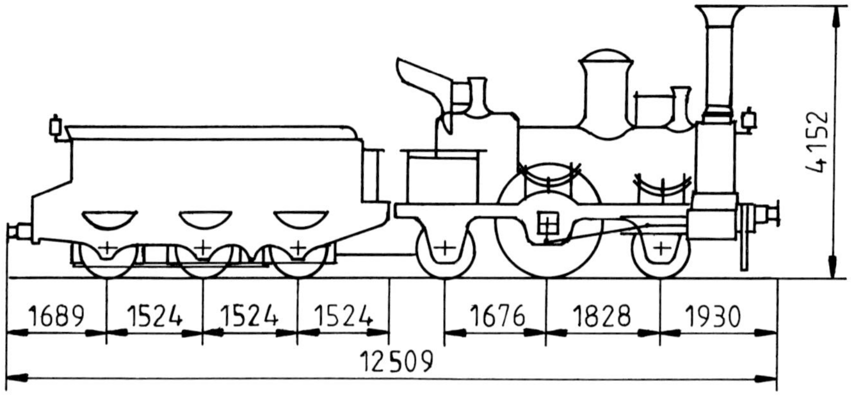

Classe A IV
Zeichnung: Stephan Kuchinke

bikfuß (2007,5 m^3) Stichtorf als Verbrauch nach. Die Lager wurden mit 886 Loth (15,5 kg) Öl und 380 Loth (6,65 kg) Fett gefüllt. Die Reparaturkosten lagen bei 4,68 Kreuzer, jetzt allerdings angegeben pro Wegstunde (etwa einer halben Wegmeile)[26].

Bei einer Länge von 12 509 mm wogen die Maschinen 27,9 t. Die PLEINFELD wurde 1874 in eine C I und wenig später in eine B I umgebaut, alle anderen waren bis 1885 der Ausmusterung anheim gefallen[33, 37].

Noch 1853 kam die erste große Serie von Schnellzuglokomotiven zur Staatsbahn. Als Weiterentwicklung der A IV baute Maffei zwischen 1853 und 1854 insgesamt 24 Maschinen. Der Treibraddurchmesser wurde nicht geändert, die Höchstgeschwindigkeit jedoch auf 80 km/h festgelegt. Erstmals kam ein Kirchweg'scher Kondensator zum Einbau, der in Wirkungsweise und Sinn etwa mit dem heutigen Oberflächenvorwärmer zu vergleichen ist. Der Abdampf der Maschine gelangte zum Tender und gab dort seine Wärme an das Tenderwasser ab. Lokomotiven mit dieser Ausrüstung waren am zusätzlichen Schornstein auf dem Tender zu erkennen. Die Einrichtung bewährte sich jedoch nicht und verschwand später wieder. Wiederum hatten die südlich der Donau eingesetzten A V eine Ausrüstung für Torffeuerung. Die zuletzt gelieferte ROTH bekam einen wesentlich größeren Treibraddurchmesser und war auch die letzte ungekuppelte Lokomotive für die Königl. Bayerische Staatsbahn (mit Ausnahme der als Versuch zu bezeichnenden AA I von 1896; sie hatte eine angetriebene Achse und eine heb- und senkbare »Anfahrachse«). Gebaut hatte sie Maffei eigentlich für die Gewerbeausstellung in München, später übernahm die Staatsbahn die Maschine mit der Inventarnummer 172. Als letzte A V schied 1902 die KUFSTEIN aus dem Dienst[33, 37].

Die 1854 gelieferte STAFFELSTEIN, Inventarnummer 136, legte im Rechnungsjahr 1860/61 insgesamt 8521 Wegstunden (31 587,35 km) zurück, u. a. bei 344 regulären Fahrten. Sie verbrauchte dabei 1701 Kubikfuß Holz (42,29 m^3) und 543 500 Pfund Rußkohlen. Die Lokomotive war augenscheinlich in Nordbayern im Einsatz. Der Schmierstoffverbrauch lag bei 960 Loth (16, 8 kg) Öl und 1219 Loth (21,33 kg) Fett. Zur Reparatur der Maschine waren 9,19 Kreuzer pro Wegstunde notwendig[26].

Die Lokomotiven waren 12 140 mm lang und wogen 24,6 t[36].

Anzufügen ist noch, daß die Ostbahn zwischen 1857 und 1859 noch ungekuppelte Schnellzuglokomotiven in zwei Ausführungen beschaffte. Zunächst lieferte Maffei zwölf Crampton-Lokomotiven (Achsfolge 2 A), die in die Classe A mit den Ordnungsnummern A 1 bis A 12 eingeordnet wurden. Weitere zwölf (Ordnungsnummern A 13 bis A 24) hatten die übliche Achsfolge 1 A 1. Zwischen 1869 und 1872 wurden alle 24 in B-Kuppler umgebaut und standen teilweise noch bis 1926 in Dienst[33].

Personenzuglokomotiven

Die letzte A V, die 1854 gebaute und 1902 ausgemusterte KUFSTEIN. Auffallend ist der Torftender.
Sammlung: Martin Krebs

Parallel zur A IV wurde eine Lokomotive für den gemischten Dienst beschafft. Personenzüge nahmen häufig noch alle Güterwagen mit, so daß artreine Güterzüge höchst selten vorkamen. Zunächst lieferte Maffei 1852 acht Maschinen, noch während die Vorgängerbaureihe B II gebaut wurde. Vom Gesamtaufbau zeigte der neue Typ Ähnlichkeiten mit der gleichzeitig konstruierten A IV. Nach dem Fehlschlag mit der B IV, die ebenfalls 1852 geliefert worden war, baute Hartmann in Chemnitz weitere zehn B III. Erstmals wurde ein Ausgleich der Federn beider angetriebener Achsen angewendet. Auch diese Classe besaß anfänglich einen Kirchweg'schen Kondensator, der jedoch auch wieder ausgebaut wurde. Die Staatsbahn musterte die Lokomotiven zwischen 1887 und 1899 aus[37].

Im Juli 1852 lieferte Maffei mit der Inventarnummer 89 die BODENSEE ab. Noch im laufenden Rechnungsjahr legte sie 1083 Wegstunden (4015,2 km), u. a. bei 30 regulären Fahrten, mit jeweils 32,2 Wagen zurück. Sie verbrauchte dabei 188 Kubikfuß (4,67 m^3) Holz und 113 100 Pfund Coaks. Die Lager wurden mit 246 Loth (4, 3 kg) Öl und 255 Loth (4,46 kg) Talg geschmiert. Für die nagelneue Lokomotive fielen keine Reparaturkosten an[35].

Bei einer Länge von 13,8 m wogen die Maschinen 23,3 t. Der Treibraddurchmesser von 1448 mm ließ eine Höchstgeschwindigkeit von 70 km/h[33].

Mit den zehn Lokomotiven der Classe B IV wurden, einmal von jeweils zwei Baldwin-Schnellzug- und Güterzuglokomotiven, die 1899 und 1901 geliefert wurden, und 14 C III, abgesehen, zum letzten Mal außerbayerische Fabriken beauftragt. 1852 und 1853 lieferte die Maschinenfabrik Eßlingen sechs und Hartmann, Chemnitz, weitere vier Exemplare. Die Eßlinger Ma-

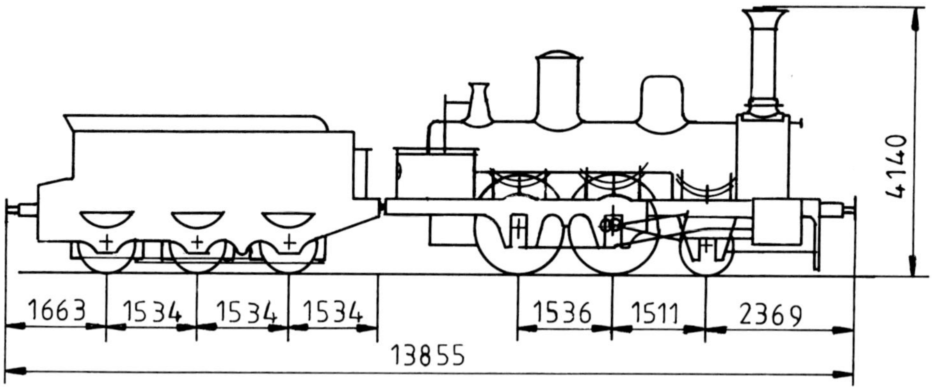

Oben: Classe B III
Zeichnung: Stephan Kuchinke

Unten: Classe B IV
Zeichnung: Stephan Kuchinke

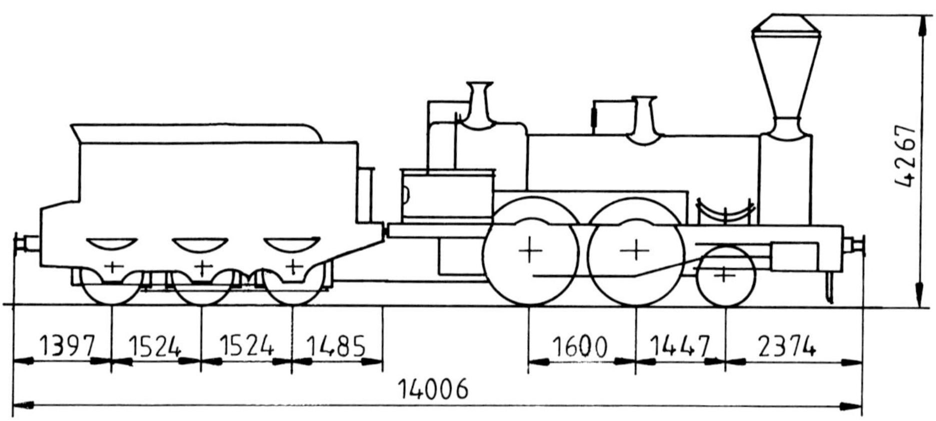

schinen hatten einen birnenförmigen Keßlerschen Patentkessel, der weit zwischen die Räder hineingesenkt war. Allerdings zeigten diese Kessel nicht die nötige Festigkeit, es kam zu mehreren Kesselexplosionen. Ebenso als nicht für den Bahnbetrieb geeignet erwiesen sich die Hartmann´schen Kessel, auch eine Sonderbauart. Am 24. Dezember 1858 explodierte in Neuenmarkt-Wirsberg die SPESSART, was die endgültige Veranlassung zum Umbau aller B IV auf normale Crampton-Kessel gab. Die Classe B IV war bis 1881 im Einsatz[33].

Im Jahr 1853 lieferte die Maschinenfabrik Eßlingen unter der Fabriknummer 218 die Lokomotive ASCHAFFENBURG ab. Sie erhielt die Inventarnummer 103. Im Rechnungsjahr 1860/61 legte die ASCHAFFENBURG bei 332 Fahrten 7643 Wegstunden (28 332,6 km) zurück. Der Verbrauch an Holz betrug 3606,75 Kubikfuß (89,67 m³), der an Rußkohlen 989 800 Pfund. Die Statistik nennt einen Verbrauch von 1475 Loth (25,8 kg) Öl und 1570 Loth (27,5 kg) Fett. Die Reparaturkosten lagen bei 5,91 Kreuzer je Wegstunde[26].

Die Länge der B IV betrug 14 006 mm, ihr Gewicht 28 t. Der Treibraddurchmesser von 1524 mm entsprach dem der A I aus dem Jahr 1844. Die Höchstgeschwindigkeit wird mit 70 km/h angegeben[36].

Mit der B V beschaffte die Bayerische Staatsbahn die erste große Serie von Lokomotiven. Ausschließlich J. A. Maffei lieferte in den Jahren 1853 bis 1863 in vier Lieferserien insgesamt 95 Maschinen dieser außerordentlich gelungenen

Classe B V, aus der Lieferserie 1856/57 Zeichnung: Stephan Kuchinke

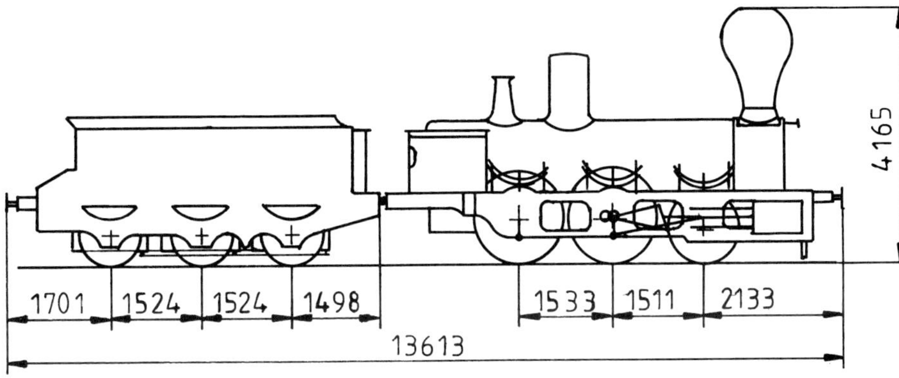

Baureihe. Sie bildete bald das Rückgrat der Zugförderung auf bayerischen Staatsbahnen. Die Ostbahn bestellte ebenfalls ausschließlich bei Maffei weitere 66 Exemplare, die nach der Verstaatlichung den Bestand der Staatsbahn ergänzten, so daß insgesamt 161 Lokomotiven der Gattung gebaut wurden. Durch den Außenrahmen, außenliegende Zylinder und die außerhalb des Rahmens liegende Steuerung hatte die B V große Ähnlichkeiten mit der A V. Das Erscheinungsbild, das der tiefliegende Kessel wesentlich prägte, blieb lange Zeit für bayerische Lokomotiven typisch. Die B V war bis ins Jahr 1926 im Einsatz, als letzte Lok schied die WEILHEIM aus dem Dienst[37].

Maffei lieferte 1860 unter der Inventarnummer 209 die B V mit dem Namen WIEN. Im anschließenden Rechnungsjahr legte sie bei 876 Fahrten 10 203 Wegstunden (37 822,5 km) zurück. Neben 2000,25 Kubikfuß (49,73 m ^{3}) Holz verschlang die Feuerbüchse 168 635 Kubikfuß (4192,43 m^3) Stichtorf, ein Indiz dafür, daß die WIEN südlich der Donau fuhr. Der Verbrauch von Schmierstoffen betrug 1119 Loth (19, 58 kg) Öl und 465 Loth (8,1 kg) Fett. Die Reparaturkosten werden mit 4,86 Kreuzer pro Wegstunde angegeben[26].

Die Länge der B V schwankte zwischen 13, 6 und 13,9 Meter, abhängig von der Lieferserie, ebenso der Treibraddurchmesser zwischen 1448 und 1545 mm. Das Gewicht betrug 30 t, die Höchstgeschwindigkeit 70 km/h [33, 36].

Güterzuglokomotiven

Mit der Classe C II lieferte Maffei zwischen 1857 und 1868 zunächst fünf Stütztenderlokomotiven und später weitere 66 normale C-Kuppler. Die noch junge Lokomotivfabrik Krauß in München beteiligte sich mit den letzten beiden C II an der Lieferung, so daß insgesamt 73 Maschinen entstanden. Im Gegensatz zur C I war diese Gattung die erste richtige Güterzuglok. Sie wies einen größeren Kessel auf und war dadurch eine der leistungfähigsten Lokomotiven der damaligen Zeit. Der Außenrahmen gab die Möglichkeit, den Kessel tief anzuordnen, die Steuerung lag jedoch wieder innerhalb der Rahmenwangen. Als erste bayerische Gattung besaß die neuen Güterzug-Maschine ein vollständig geschlossenes Führerhaus. Die ersten C II verdrängten die C I von der »Schiefen Ebene« in den Rangierdienst und ersetzten die älteren Maschinen. Die fünf Stütztendermaschinen bewährten sich nicht und wurden bis 1871 in die Normalausführung umgebaut, die ACHILLES, dritte gelieferte Lok, mußte 1919 sogar als Reperationsleistung an Belgien abgegeben werden (die Lok war damals schon 61 Jahre alt). Die Classe C II wurde zwischen 1891 und den 20er Jahren ausgemustert[33, 36, 37].

1861 lieferte Maffei als zehnte normale C II die OCEANUS. Die Staatsbahn gab ihr die Inventarnummer 229. Im Rechnungsjahr 1860/61 legte sie noch 253 Wegstunden (937,99 km) bei neun

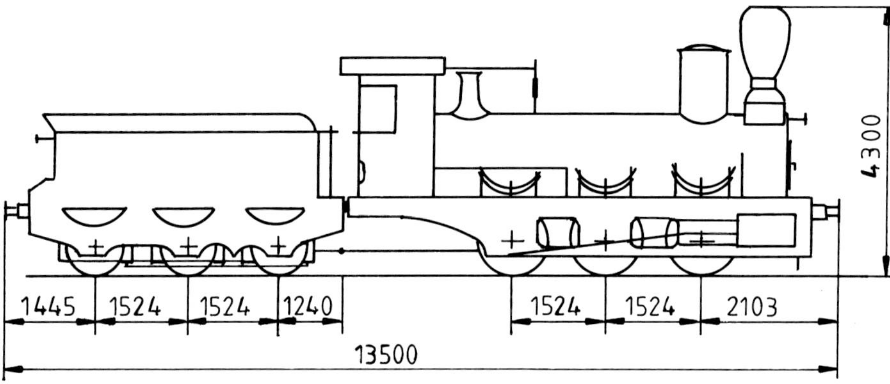

Classe C II Zeichnung: Stephan Kuchinke

Fahrten zurück. Sie verbrauchte dabei 141,75 Kubikfuß (3,5 m^3) Holz und 73 700 Pfund Preßtorf, sowie 40 Loth (0,7 kg) Öl und 50 Loth (0,875 kg) Fett. Reparaturkosten in Höhe von 6,33 Kreuzer fielen je Wegstunde an[36].

Die Länge der Lokomotiven betrug 13 500 mm (12 569 mm bei den Stütztendermaschinen), das Gewicht 34,2 t. Bei einem Treibraddurchmesser von 1253 mm erreichten sie eine Höchstgeschwindigkeit von 45 km/h[36].

Mit der C III, als Beispiel einer typischen bayerischen Lok aus den 60er Jahren des 19. Jahrhunderts, soll dieses Kapitel abgeschlossen werden. An die Staatsbahn wurden zwischen 1868 und 1874 von Maffei(139), Krauß (100) und der Lokomotivfabrik Sigl, Wien (14, ein Gelegen-

Die C III SONNENBERG, Krauss 1874; für die Lok war die Nummer 53 7934 vorgesehen. Sammlung Martin Krebs

heitskauf außerhalb der eigentlichen Bestellung), insgesamt 253 Stück abgeliefert. Die Ostbahn ließ nach ähnlichen Plänen 52 Lokomotiven von Maffei bauen, die nach der Verstaatlichung in die Staatsbahn-Classe C III eingereiht wurden. Die Staatsbahnmaschinen erhielten teilweise Namen (erst seit 1892 vergab die Staatsbahn keine Namen mehr) ausgemusterter Lokomotiven. So bekam die 207. C III den Namen der oben als Beispiel erwähnten A I BAMBERG, auch die Inventarnummer 1 mit dem Namen GERMANIA wurde wieder vergeben. Die C III hatte wiederum Außenrahmen und eine innenliegende Steuerung. Mit ihrer Höchstgeschwindigkeit von 45 km/h stellte sie lange *die* Güterzuglok Bayerns überhaupt dar, erst die neueren Gattungen verdrängten sie in den 90er Jahren in untergeordnete Dienste. 1919 mußten neun Staatsbahn-C III und drei Ostbahn-C III an Belgien abgegeben werden. Trotz der kurz darauf einsetzenden Ausmusterung fand sich die Gattung als $53^{78\text{-}79}$ im ersten Merkbuch für Schienenfahrzeuge der Deutschen Reichsbahn von 1924. Zur Umnummerung waren noch 19 Maschinen für die Betriebsnummern ab 53 7811 (unregelmäßig bis 53 7885) vorgesehen, sie schieden jedoch bereits zuvor aus dem Dienst [37].

Die Bayerische Staatsbahn brachte in Zusammenarbeit mit den beiden bayerischen Lokomotivfabriken Krauß und Maffei in der Folgezeit einige bemerkenswerte Gattungen hervor, die noch heute allgemein bekannt sind. Als Beispiele seien nur die Nebenbahnlok GtL 4/4, von der zwei Maschinen (98 812 bei den Ulmer Eisenbahnfreunden und 98 886 in Schweinfurt) erhalten sind, die Gt 2 x 4/4, die starke Mallet-Schiebelok für Steilstrecken oder die elegante S 3/6, von der ein Exemplar beim Eisenbahnmuseum Nördlingen wieder betriebsfähig aufgearbeitet worden ist, genannt

Torffeuerung

Einige der oben erwähnten Lokomotiven hatten eine Ausrüstung für Torffeuerung. Deshalb sei hier ein kleiner Exkurs zur Torffeuerung eingeflochten. Man war zunächst nach Versuchen mit importierter Kohle und Koks zur Holzfeuerung gekommen. Ausgiebige Versuche auf der Staatsbahnstrecke Augsburg–Donauwörth im Herbst 1845 zeigten, daß der Torf ein ebenso günstiges Brennmaterial wie Holz ist. Während sich in Nordbayern die Feuerung mit »Ruhr- oder Zwickauer Kokes«[38] durchsetzte, war wegen der geringeren Transportkosten in Süden der Torf wirtschaftlicher. Bis 1871 stieg der Verbrauch stetig an, fiel danach aber wieder, hauptsächlich wegen der hohen Kosten, die durch die Notwendigkeit eines zweiten Heizers, den hohen Lageraufwand und den geringen Brennwert entstanden. Gewonnen wurde der Torf im staatlichen Haspelmoor und im privaten Kolbermoor[38].

Das Rechnungsjahr 1851/52

Ein großer Teil der in diesem Kapitel eingearbeiteten statistischen Daten zu den Lokomotiven stammen aus dem Rechnungsjahr 1851/52. Um diese Informationen nicht allein stehen zu lassen, sollen hier noch einige zusätzliche allgemeine Zahlen genannt werden.

Damals beschäftigte die Staatsbahn, neben 692 Bahn- und Wechselwärtern (Weichenwärtern), 55 Lokführer, 29 Lokführer-Lehrlinge und 81 Heizer. Die gesamten Personalkosten betrugen 478 576 Gulden. Der Betrieb konnte mit 92 Lokomotiven, 256 Personen- und 1199 Güterwagen abgewickelt werden. Die Lokomotiven legten insgesamt 433 339 Wegstunden (1 606 598, 9 km) zurück, jede Lok durchschnittlich also 17 463 Kilometer. 2 049 654 Gulden Ausgaben standen 3 251 438 Gulden Einnahmen gegenüber, was einen Überschuß von etwas mehr als 1, 2 Millionen Gulden bedeutet[35].

4

Das bayerische Eisenbahnnetz

Das Doppel-T-Konzept

Noch bevor die Ludwigs-Süd-Nordbahn 1853 vollständig war, wurden die ersten weiteren Eisenbahnstrecken eröffnet. 1852 konnte das erste Teilstück der Ludwigs-Westbahn, die Bamberg mit der hessischen Grenze verbinden sollte, fertiggestellt werden. Bereits im folgenden Jahr erreichte man über Schweinfurt und Würzburg Aschaffenburg.

Ursprünglich sollte auch hier eine Privatbahn entstehen. Bereits früh wurden Stimmen für eine Verbindung in Mainfranken laut, doch Ludwig I. sah dadurch seinen Kanal gefährdet. Entsprechend lehnte er 1836 den Antrag der Ludwigsbahn-Gesellschaft für die Verbindung Nürnberg–Würzburg kategorisch ab. Der zweite Anlauf im Jahr 1841 brachte ebensowenig Erfolg. Als Grund für die Ablehnung nannte die Regierung Geldmangel, ausgelöst durch den Bau der Ludwigs-Süd-Nordbahn[20]. Erst der Antrag auf eine Konzession von Kaufleuten aus Würzburg im November 1843 brachte eine Wende. Am 6. Dezember kam es noch zu einer Eingabe der Handelskammer Würzburg bezüglich des Eisenbahnbaues. Den stärksten Einfluß aber hatte wohl ein Gutachten der Regierung von Unterfranken, das im Auftrag des Innenministeriums erstellt worden war[6]. Wie schon zuvor (Augsburg–Lindau) spielten »ausländische« Aktivitäten eine nicht zu verachtende Rolle. Das Kurfürstentum Hessen und das Königreich Sachsen wollten Frankfurt mit Leipzig verbinden. Bayern befürchtete, daß der Verkehr am eigenen Land vorbei gehen könnte [39]. Ein Memorandum, das die drei Minister des königl. Hauses und des Äußeren, der Finanzen und des Innern am 24. Dezember dem König vorlegten, befürwortete den Bahnbau. Der Entschluß zum Bau fiel umgehend am 25. Dezember 1843 – Ludwig I. ließ sich bei seiner Arbeit durch Feiertage nicht beeinflussen. Die Strecke sollte als Privatbahn erbaut werden, aber unter der Aufsicht des Staates stehen. Den Interessenten behagte diese Bedingung nicht. Wegen der Ablehnung entschied sich die Regierung, das Projekt selbst in die Hand zu nehmen. Ebenso wie im Süden kamen die bayerischen Bemühungen zu spät, um die erste Verbindung zu besitzen – die hessisch-sächsische Strecke wurde wesentlich früher fertig. Am 23. Mai 1846 begannen mit dem Erlaß des Dotationsgesetzes zur Finanzierung die Arbeiten. Zwischen 1852 und 1854 konnte der Betrieb zwischen Bamberg und der Landesgrenze zum Kurfürstentum Hessen – insgesamt 205,7 km – aufgenommen werden. Wie schon zwischen Neuenmarkt-Wirsberg und Marktschorgast baute die Staatsbahn die Strecke nicht nur eingleisig. Die Abschnitte Würzburg–Rottendorf und Laufach–Heigenbrücken, eine Steilrampe, entstanden gleich zweigleisig[37].

Als 1848 Maximilian II. zum bayerischen König wurde, ließ er zunächst eine Konzeption erarbeiten, wie sich der Bahnbau in Bayern zukünftig gestalten sollte. Die vom Handelsministerium vorgelegten Pläne enthielten neben den bereits gebauten und geplanten Strecken zusätzlich die Ost-West-Verbindung von Salzburg nach Ulm über München und Augsburg. Das »Doppel-T«, abgeleitet vom Aussehen des Streckenplans, war geboren[40].

Der Staatsvertrag zwischen den Königreichen Württemberg und Bayern vom 25. April 1850 sah vor, eine Strecke von Augsburg nach Ulm, wo Anschluß an die württembergische Bahn nach Stuttgart bestand, zu bauen. Ein Jahr später, am 4. Mai 1851 folgte das Dotationsgesetz und der Bau konnte beginnen. Die einfache Trassierung erlaubte es, die Eisenbahnlinie bereits drei Jahre später in Betrieb zu nehmen. Wesentlich problematischer war jedoch die Weiterführung nach Salzburg. Der Staatsvertrag mit Österreich, 1851 geschlossen, sicherte zwar einen Anschluß an die Strecke Wien–Triest, aber Österreich teil-

Mit Volldampf über die Rampe! Die letzten Exemplare der Baureihe 01 zogen noch bis 1973 Züge auf die Höhen des Fichtelgebirges und machten die »Schiefe Ebene« zum Mekka der Dampflokfreunde. 1967 war Jürgen Krantz an der Strecke und hielt 01 083 am Block Streitmühle im Bild fest.

Mit einem Schweizer Schnellzug legt sich eine Lok der Reihe 218 bei Harbatzhofen in die Kurve. Schön zu erkennen ist die »amerikanische Bauweise« der Strecke mit engen Kurvenradien und starker Steigung.
Foto: Burkhard Wollny

Bei Bühl am Alpsee zeigt sich das Allgäu von seiner schönsten Seite.
Foto: Burkhard Wollny

Bis heute ist die Allgäubahn eines der beliebtesten Ziele von Dampfloksonderfahrten. 1974 zog 01 173 einen vollbesetzten Sonderzug der Ulmer Eisenbahnfreunde durch die herrliche Landschaft bei Aitrang.
Foto: Burkhard Wollny

Durchs tief verschneite Allgäu bei Martinszell schiebt 218 438 am 15. Februar 1996 den Regionalexpress 4509 von Radolfzell. Foto: Reinhold Breubeck

Das Bild der nördlichen Bahnhofsausfahrt von Bamberg wird von der Mälzerei »Weyermann« geprägt. Am 7. Mai 1993 rangiert die Schienenbuseinheit 796 680 und 996 750, nachdem sie als Nto 31 205 aus Haßfurt angekommen war, in ein Abstellgleis. Foto: Stephan Kuchinke

Von 1969 bis Anfang 1971 bildeten schweizerische Triebwagen den TEE 58 »Bavaria«; bei der Durchfahrt in Buchloe; Sommer 1970.
Foto: Willi Bier

Das Jubiläumsjahr 1985 brachte noch einmal zahlreiche einstmals typische Fahrzeuge auf die Strecke zurück: am 12. Oktober 1985 begegnen sich in Lichtenfels V 200 007 und E 44 119.
Foto: Honzera

Bis 1973 war die »Schiefe Ebene« ein Dorado für Dampflokfreunde, die noch einmal eine große Schnellzugdampflok im Einsatz erleben wollten. Die neubekesselte 01 187 hat im März 1972 die Steilrampe bereits hinter sich und eilt bei Marktschorgast ihrem Ziel Hof entgegen.
Foto: Burkhard Wollny

Im April 1973 hat 050 596 mit einem Personenzug den Bahnhof Stammbach erreicht und wartet nun auf das Ausfahrsignal.
Foto: Burkhard Wollny

Bald Alltag? Am 10. Juli 1994 war der ICE in Bamberg nur eine Leerfahrt aus Schweinfurt. Foto: Frank von Meissner

te 1854 mit, daß es wegen Terrainschwierigkeiten nicht möglich war, die Anschlußstrecke zu bauen. So verzögerte sich der Bau bis ins Jahr 1860[6].

Mehr Eisenbahn als in der »Doppel-T«-Planung vorgesehen, konnte sich der bayerische Staat nicht mehr leisten. Die Eisenbahnstrecken brachten dem Staatssäckel in den Anfangsjahren nur Verlust ein. Der Staat überließ den weiteren Ausbau nun privaten Interessenten.

Die Ostbahn

In einem Staatsvertrag vom 21. Juni 1851 hatten sich Bayern und Österreich dazu verpflichtet, die Vorarbeiten für eine Bahnlinie von Nürnberg über Regensburg, Passau und Linz nach Wien einzuleiten. In den folgenden drei Jahren erarbeitete die Eisenbahnbau-Commission die Pläne für die Strecke Nürnberg–Regensburg. Als jedoch der Landtag 1855 über ein entsprechendes Dotationsgesetz abstimmen sollte, wurde es abgelehnt. Die Staatsbahn hatte in den letzten Jahren mit zwei Ausnahmen mit Verlust abgeschlossen, Gewinne waren nicht zu erwarten. Die Abgeordneten entschieden sich für eine Privatbahn, die sie mit einem Gesetz am 19. März 1856 genehmigten. Kurz darauf gründeten mehrere angesehene Persönlichkeiten, darunter der Fürst von Thurn und Taxis und der Besitzer der Firma Cramer-Klett in Nürnberg, eine Aktiengesellschaft, die den Namen »Königlich privilegierte Aktiengesellschaft der bayerischen Ostbahnen« erhielt. Die Konzessionsurkunde, am 12. April 1856 ausgestellt, enthielt zahlreiche Bestimmungen. Die Gesellschaft hatte demzufolge die Strecken Nürnberg–Regensburg, von München an die Donau, von Regensburg nach Passau an die Landesgrenze und von der Strecke nach Regensburg gegen die Grenze bei Pilsen zu bauen. Als maximale Bauzeit wurden sieben Jahre festgelegt. Der Staat regelte mit der Konzession auch verschiedene soziale Belange der Arbeiter. Außerdem gewährte er für die Dauer von 35 Jahren eine Zinsgarantie über 4,5%. Die Konzession galt für 99 Jahre[6].

Die Gesellschaft erwarb zunächst die staatlichen Pläne für 225 490 Gulden und 20½ Kreuzer, so daß nur noch die Strecke Furth im Wald–Schwandorf zu projektieren war. Als Bauleiter konnte Paul Camille von Denis verpflichtet werden. Bereits im Sommer 1856 begann er mit den Vermessungen an den späteren Trassen. Im folgenden Jahr wurden die Bauarbeiten aufgenommen, insgesamt vergab Denis 107 Lose (einzelne Bauabschnitte). Beschäftigt waren bis zu 17 000 Arbeiter. Der mittlerweile über 70 Jahre alte Denis baute schnell und preiswert, aber qualitativ hochwertig. Der erste Abschnitt – von München nach Landshut – ging bereits 1858 in Betrieb, der letzte folgte 1861. Nach nur fünfeinhalb Jahren war das Projekt abgeschlossen und 453 km Bahnstrecke gebaut. Gegenüber dem Kostenvoranschlag von 60 Mio. Gulden konnte Denis 12,4 Mio. einsparen.

Der Erfolg der Ostbahn war so groß, daß trotz der nach 1861 einsetzenden Streckenerweiterungen die staatliche Zinsgarantie nie in Anspruch genommen werden mußte. Die ausgeschüttete Dividende lag bei bis zu 7¾%. 1875, im Jahr der Verstaatlichung erreichte die Betriebslänge 921 km[41].

Das Ende der »königlich privilegierten Gesellschaft der bayerischen Ostbahnen« hatte wohl auch politische Gründe. Nach der Reichsgründung hatte Bismarck 1874 versucht, eine einheitliche Reichseisenbahn zu gründen, was bei den süddeutschen Staaten auf wenig Gegenliebe stieß. Bayern fürchtete nun, Preußen könnte sich durch den Aufkauf der Ostbahn großen Einfluß auf das bayerische Verkehrswesen sichern. Würde die einzige bayerische Privatbahn nun in die Hände des Staates gelangen, könnte sich Bismarck drehen und wenden, er würde sie nicht mehr bekommen[41]. Außerdem hatte die Bayerische Staatsbahn in den letzten Jahren seit 1856 meist mit Gewinn abgeschlossen – die Begründung, warum die Ostbahn überhaupt entstanden war, konnte nicht mehr gehalten werden. Natürlich sah der Staat auch eine Konkurrenz für seine eigene Eisenbahn und versuchte mit niedrigen Tarifen den Verkehr auf seine Gleise zu bringen[6]. Ein Ankauf der Ostbahn konnte also nur Vorteile bringen.

Am 31. Oktober 1874 fragte das Ministerium des Königl. Hauses und des Äußeren an, ob die Gesellschaft an einem Verkauf interessiert sei. Das Direktorium war nicht abgeneigt, zumal die wirtschaftlichen Ergebnisse nach der Börsenkrise von 1873 doch zurückgingen. Daraufhin besichtigte eine Commission unter Baudirektor Röckl die Anlagen und Fahrzeuge und kam zu dem Schluß, daß die Ostbahn in einem guten Zustand sei. Nach einigen Verhandlungen, das erste Angebot der Regierung war dem Verwaltungsrat noch zu niedrig, unterzeichnete man am 1. März 1875 den Vertrag. Rückwirkend zum 1. Januar gingen die Strecken, Anlagen und Fahrzeuge der Ostbahn zum Gesamtpreis von 167 Mio. Mark (die Mark war mittlerweile Reichswährung in Deutschland) an die Staatsbahn über. Neben den 921 km fertiggestellten Strecken kamen zwei im Bau befindliche und eine projektierte Strecke, 187 Lokomotiven und 4301 Wagen zur Bayerischen Staatsbahn. Insgesamt 2266 Bedienstete wechselten den Dienstherrn[41].

Pachtbahnen

Wie bereits erwähnt, wollte der bayerische Staat neben dem »Doppel-T« zunächst keine Strecken mehr bauen. Zahlreiche größere Städte hatten aber bisher noch keinen Bahnanschluß erhalten. Die Idee, Strecken von den Interessenten bauen zu lassen, und sie dann mit eigenem Material zu betreiben, hatte Staatsrat von Hermann. Grundsätzlich pachtete der Staat die Strecke und zahlte 5% Zins und Tilgung. Nach Ablauf des Vertrages ging die Linie in den Besitz der Staatsbahn über. Mit einem Aufwand von 34 Mio. Mark entstanden zwischen 1853 und 1866 insgesamt acht Strecken mit einer Länge von 305 km, darunter Neuenmarkt–Bayreuth und Hochstadt–Stockheim, heute eine IC-Strecke[6]. Vom technischen Aufbau her unterschieden sich die Pachtbahnen nicht von den Staatsbahnstrecken.

Staatsbahnbau bis 1885

Die Erfolge der Ostbahn und die Erträge der Staatsbahn ermutigten den Staat wieder zum Bau eigener Strecken. Nachdem die Linien von Ansbach nach Würzburg und von Nürnberg nach Würzburg genehmigt worden waren, legte die Generaldirektion der Bayerischen Staatsbahn unter Ludwig von Brück 1860 dem Handelsministerium eine Denkschrift vor, die den Titel »Die Vervollständigung des bayerischen Eisenbahn-Netzes betreffend« trug. Diese Schrift enthielt Vorschläge für insgesamt 36 neue Bahnstrecken. Mit dem Gesetz vom 21. September 1861 stieg Bayern wieder im Großen in den Bahnbau ein. Zwei Jahre später entwickelte die Generaldirektion einen Netzplan, der für die Zukunft bedeutend werden sollte. Er enthielt zahlreiche abkürzende Hauptbahnen, um die Umwege der alten Strecken auszugleichen, so z. B. eine direkte Linienführung von Nürnberg nach München.

In den 15 Jahren ab 1870 investierte der Staat stark in den Ausbau der Eisenbahn. Kurzzeitig machte die Eisenbahn sogar Verluste – aber eben nur kurzzeitig, wegen der stark angestiegenen Kosten. Ende 1885 betrug die Betriebslänge der Bayerischen Staatsbahn 4402 km. Das Hauptbahnnetz war nahezu fertiggestellt. Der Anschluß an die große weite Welt hatte den Ortschaften den wirtschaftlichen Aufschwung gebracht. Bayern war vom Agrarstaat zum Industriestaat geworden[40].

Vizinal- und Lokalbahnen

Nun drängten auch die abseits gelegenen Orte nach einem Anschluß an die Eisenbahn. Während in anderen deutschen Ländern private Kleinbahnen und zahlreiche staatliche und private Schmalspurbahnen entstanden, ging Bayern einen anderen Weg. Erster Versuch zur Lösung waren Vizinalbahnen (vicinus = Nachbar). Im Gesetz vom 29. April 1869, dem Vizinalbahngesetz, wurden die Grundlagen festgelegt. Allerdings gab es keine Aussagen, wie die technische Aus-

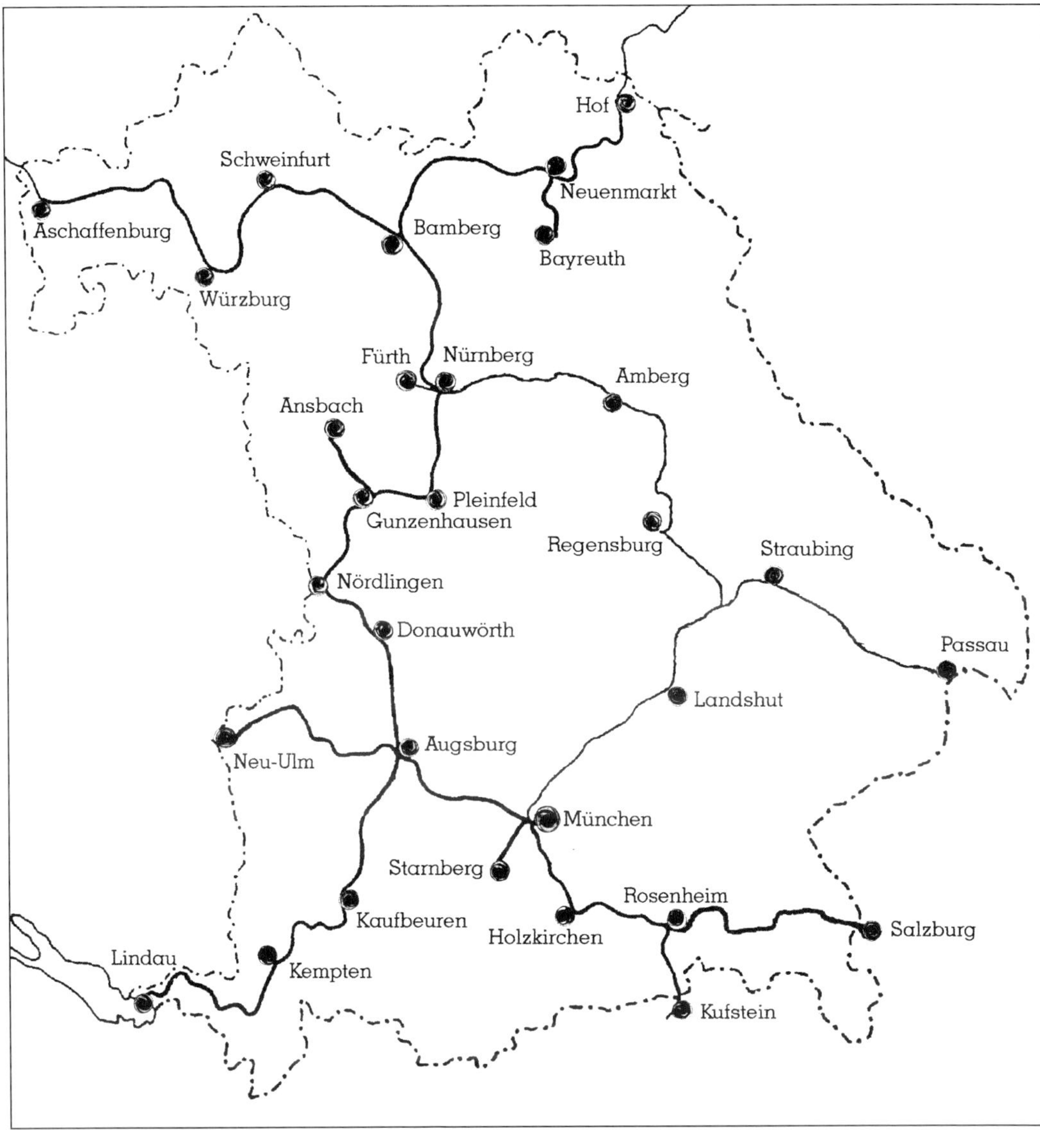

Das bayerische Eisenbahnnetz 1860
Ludwigs-Süd-Nordbahn: Lindau–Hof
Westbahn: Bamberg–Aschaffenburg
Maximiliansbahn: Neu Ulm–Salzburg
Pachtbahnen: Neuenmarkt-Wirsberg–Bayreuth und Gunzenhausen–Ansbach
Private Ostbahn: München–Passau und Geiselhöring–Nürnberg
Anschlußbahn: Rosenheim–Kufstein (Österreich)
Anschlußbahn: Lichtenfels–Ebersdorf (Werrabahn)(nicht eingezeichnet)
Zeichnung: Stephan Kuchinke

stattung auszusehen hatte. Die Anliegergemeinden hatten Grunderwerb und Erdarbeiten zu finanzieren. Aus den jährlichen Betriebseinnahmen sollten zunächst mit 4 ½ % der Baukosten der staatliche Bauaufwand, dann mit 9 % die Betriebskosten und, falls dann noch etwas übrig blieb, der private Bauaufwand mit 5 % getilgt werden. Die erste Vizinalbahn, Siegelsdorf–Langenzenn, konnte am 25. Mai 1872 eröffnet werden, 14 weitere mit insgesamt 168 km Betriebslänge folgten bis 1879. Im Endeffekt stellte sich der Bau und Betrieb jedoch als zu teuer heraus, alle 15 Strecken hatten zusammen 15,46 Mio. Mark gekostet[6, 31].

In Anbetracht dieser Tatsache suchte Bayern nach einer neuen, einfacheren Möglichkeit, die ländlichen Städte und Gemeinden an das Eisenbahnnetz anzuschließen. Mit dem Gesetz vom 28. April 1882 entstanden die Lokalbahnen. Die Gemeinden mußten nun nur noch den Grunderwerb bezahlen, erhielten aber keinen Anteil am Betriebsüberschuß mehr.

Die wichtigste Änderung lag aber in der technischen Ausstattung. Kleinere Bogenradien, größere Steigungen und nicht bewachte Bahnübergänge senkten die Kosten bei Bau und Betrieb. Wie sehr diese Vereinfachungen den Bauaufwand senkten, läßt sich an der Strecke Gemünden–Hammelburg erkennen. Als Vizinalbahn war der Bau mit 3,8 Mio. Mark veranschlagt, als Lokalbahn kostete sie 1,33 Mio. Mark[40]. Bis 1914 entstanden so 2682 km Lokalbahnstrecke mit geringem Zugangebot. Aber die Strecken wurden gebraucht. Außer der Bahn und der Pferdekutsche gab es keine Verkehrsmittel. Deshalb warfen die Nebenbahnen auch Gewinn ab.

Zunächst sollten ältere Hauptbahnfahrzeuge für die kleineren Strecken verwendet werden. In den letzten Jahren des 19. Jahrhunderts entstanden jedoch besondere, extra auf die Strecken zugeschnittene Lokomotiven und Wagen.

Für die Lokalbahnen galten allgemeine Grundregeln. Als Spurweite mußten 1435 mm verwendet werden, der Unterbau aus dem Abraum der Baustellen entstehen und von den Hauptbahnen gebrauchte Oberbaumaterialien zum Einsatz kommen. Die Dienststellen sollten mit möglichst wenig Personal besetzt sein und die Anlagen anderer Strecken mitbenutzt werden[31].

Zum Bau der Lokalbahnen wurden in regelmäßigen Abständen Gesetze erlassen, die zum einen Aussagen über die Strecken selbst und zum anderen über verschiedene bauliche und finanzielle Aspekte machten. Erst 1930 konnte die Deutsche Reichsbahn-Gesellschaft die letzte nach Lokalbahn-Grundsätzen gebaute Strecke (Gößweinstein–Behringersmühle) in Betrieb nehmen.

Am 1. April 1920 gingen 8526 km Bahnstrecke in Bayern im Streckennetz der Deutschen Reichsbahn auf.

5

Einmal Lindau–Hof, bitte

Der Lindauer Bahnhof

Eine Bahnfahrt von Lindau in Richtung Norden beginnt heute auf der Bodenseeinsel, dabei war anfangs keineswegs klar, ob der Bahnhof überhaupt auf der Insel liegen sollte. Als feststand, daß die große bayerische Fernbahn in der Inselstadt enden würde, begannen auch die ersten Überlegungen für den Endpunkt. Eine Untersuchung des Ingenieurs August Bruckner aus dem Jahr 1843 kam zu dem Schluß, daß der Bahnhof am Ufer des Sees in Aeschach erbaut werden sollte – Aeschach gehört erst seit 1922 zu Lindau. Dagegen empfahl die Bezirksregierung in Augsburg 1845, im Interesse des Handels die Lage auf der Insel zu bevorzugen. Oberingenieur Hummel und Pauli kamen wenig später zu dem Schluß, daß die Insellage vorteilhafter sei. Als Kosten für den Bau eines Dammes schätzten sie 200 000 Gulden. Unterstützt wurden diese Empfehlungen auch durch das Hafenkommisariat von Lindau. Danach wäre ein Bahnhof in Aeschach »totaler Irrsinn«[42], da dann auch ein neuer Hafen bei Aeschach gebaut werden müsse. Nach diesem Hin und Her fiel am 13. April 1851 die Entscheidung der kgl. Regierung, den Bahnhof auf der Insel zu bauen. Unmittelbar danach setzten die Vermessungsarbeiten ein. Insgesamt mußten 18 anliegende Grundstücke enteignet werden[9].

Dort, wo sich heute der Bahnhof befindet, war 1850 noch ländliches Gebiet – von den Lindauern »Insul« genannt. Lediglich Fischer und Bootsbauer hatten sich angesiedelt. Einige Teile der Stadtbefestigung mußten aber trotzdem weichen und durch neue Bauten ersetzt werden[9]. Erst nach der Eisenbahn baute die Armee jenseits der Bahnstrecke die Luitpoldkaserne.

Dem Kalender der Deutschen Reichsbahn ist diese Aufnahme Lindaus zu verdanken. Links vom Leuchtturm ist die Trajektanstalt zu erkennen, oberhalb davon das Empfangsgebäude. Sammlung VMN

Das nach dem Ersten Weltkrieg vollendete Bahnhofsgebäude direkt am Lindauer Hafen; von der ehemaligen Trajektanstalt aus gesehen.
Foto: Stephan Kuchinke

Das Bahnamt Lindau erhielt einen stattlichen Bahnhof, der am 2. Dezember 1854 dem Betrieb übergeben wurde. Das etwa 65 m lange Gebäude bestand aus einem zweistöckigen Mitteltrakt, der durch einstöckige Zwischentrakte mit zwei ebenfalls zweistöckigen Seitentrakten verbunden war. Der Reisende betrat das Gebäude durch den Mittelbau und kam dann in einen der beiden Wartesäle. Speziell für den König gab es ein eigenes Zimmer mit vornehmer Ausstattung. An den Bau schloß sich eine Einstiegshalle an, die zwei Gleise überdachte. In späterer Zeit – um 1870 – vergrößerte man die beiden Seitenbauten[30].

Nachdem trotz des Baus des Güterbahnhofs in Reutin und der damit verbundenen Verlagerung des Güterverkehrs von der Insel weg die alten Anlagen zu klein geworden waren, entstand zwischen 1913 und 1921, durch den Ersten Weltkrieg in die Länge gezogen, ein Neubau, der wesentlich näher an den Hafen rückte. Während des Baus lief der Verkehr im alten Bahnhof weiter. Erst als der neue fertig war, fiel der alte der Spitzhacke zum Opfer[9, 30].

Bemerkenswert an den Anlagen in Lindau war das Dammtor. Auf der Inselseite des Dammes wurde ein Tor erbaut – die Stadt war damals noch Festung – durch das die Bahnstrecke verlief. Die Insellage hatte der ehemals freien Reichsstadt Lindau einen entscheidenden strategischen Vorteil während kriegerischer Auseinandersetzungen gegeben. Jedoch stand dieses neue Stadttor nicht allzulange. Als der Damm mit dem Bau der Strecke nach Bregenz auf zwei Gleise erweitert wurde, war es im Weg. 1872 riß man es ab [9].

Von 1854 bis 1969 waren in Lindau Lokomotiven stationiert. Seit der Jahrhundertwende lagen die Anlagen der Betriebswerkstätte zwischen Uferweg und Luitpoldkaserne auf dem westlichen Teil der Insel. Im Bw Lindau ging die große Zeit bayerischer Schnellzuglokomotiven zu Ende. 1963 wurde die letzte S 3/6 endgültig abgestellt. Dort, wo sich früher die Drehscheibe befand, tummeln sich heute an jedem schönen Sommertag Sonnenhungrige, die gar nicht wissen, was man an diesem Ort einmal bewundern konnte.

Von Lindau nach Kempten

Der wohl interessanteste Kunstbau der Ludwigs-Süd-Nordbahn liegt auf Lindauer Stadtgebiet. Über die Baugeschichte des 550 m langen Bodenseedammes wurde bereits berichtet. Während

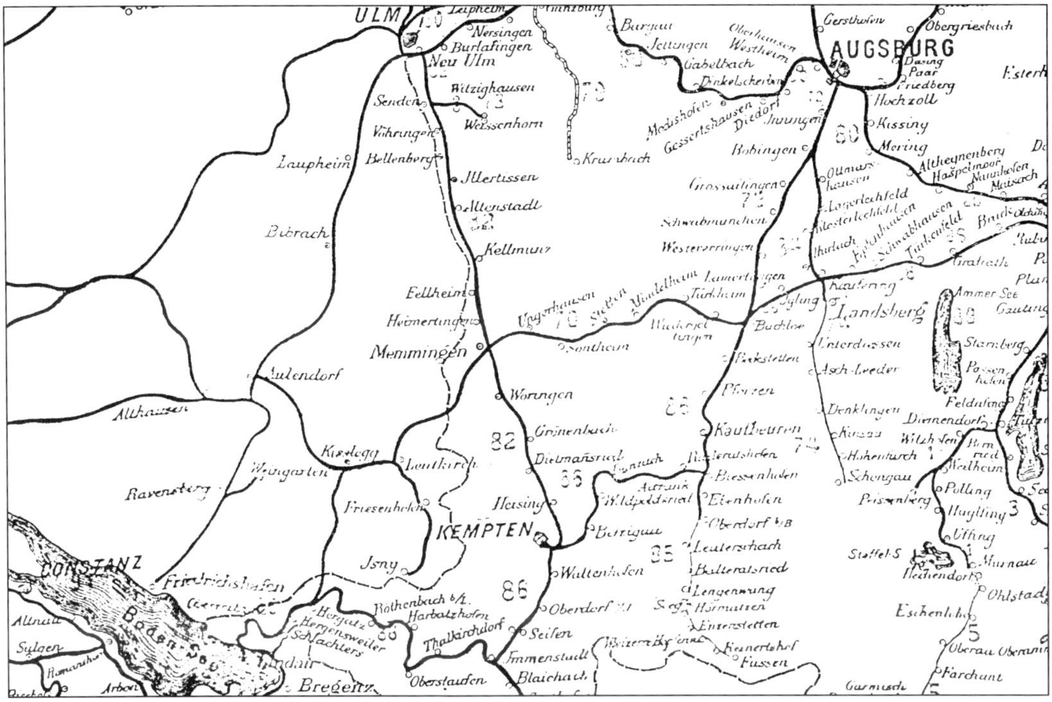

Oben: Streckenkarte aus dem Kursbuch von 1891; Ausschnitt aus dem südlichen Teil.

Mit RE 3777 überquert 218 291 am 28. April 1996 den Bodenseedamm. Foto: Stephan Kuchinke

die Westmauer noch die ursprüngliche ist, liegt die erste Ostmauer mittlerweile unter den unzähligen Erweiterungen begraben[43]. An der Dammkrone ist deutlich zu erkennen, wo sich der Damm abgesenkt hat, sie verläuft äußerst wellig. Heute trägt der Damm vier Gleise – jeweils zwei der Ludwigs-Süd-Nordbahn und der Strecke nach Bregenz – und einen breiten Fuß- und Radweg.

Auf dem Weg zum Posten 48 direkt am Bodenseedamm hat sich 218 442 vor RE 4506 am 2. März 1996 eine weiße Schürze zugelegt.
Foto: Stephan Kuchinke

Unten: Für die Züge der Ludwigs-Süd-Nordbahn, wie hier 628 336 als RE 3156 am 9. Juni 1996, ist Lindau-Aeschach kein Halt mehr. Nur noch gelegentlich halten Friedrichshafener Züge hier.
Foto: Stephan Kuchinke

Wo sich heute der Schrankenposten 48 befindet, lag der erste Endpunkt der Strecke. Direkt am Ende des Dammes mußten bei der Streckeneröffnung die Honoratioren aussteigen und zu Fuß weiterlaufen. Auch der planmäßige Verkehr endete an dieser provisorischen Haltestelle. Direkt am Posten zweigt die seit 1954 elektrifizierte Strecke nach Bregenz ab, während einige hundert Meter weiter »landeinwärts« bei der Abzweigstelle Lindau-Aeschach die Bodenseegürtelbahn ausfädelt. Im Gegensatz zur Friedrichshafener Strecke halten heute keine Züge in Richtung Kempten mehr in Lindau-Aeschach. Bereits am Bahnsteig ist der deutliche Höhenunterschied zwischen den beiden Strecken zu erkennen. Der Halt in Aeschach erscheint als Holben 1901 zum ersten Mal im Kursbuch, ehe er ab 1924 Lindau-Aeschach heißt. Bis Oberstaufen geht es nun bergauf, vorbei an den nicht mehr zu erkennenden Halten Bodolz und Schönau, zum größten Teil am Hang des Hoyerberges und des Ränzelsberges entlang.

Obwohl heute alle Züge Oberreitnau, mittlerweile ein Ortsteil von Lindau mit Stadtbusanschluß, durchfahren, sitzt dort noch immer ein Schrankenposten. Schon 1853 war der Ort eine Haltstelle, seit 1876 sogar eine Expedition erster Klasse. Das Gebäude stammt noch aus der Zeit

Nur aus drei Wagen besteht am 29. Juli 1965 der E 683, als ihn 03 188 bei Oberreitnau zieht.
Foto: Christian Klink

Winter im Allgäu: Als 627 105 in Hergatz am 30 . März 1996 dem RE 3775 mit 218 442 begegnet, schneit es mächtig.
Foto: Stephan Kuchinke

der Streckeneröffnung. Da die Gleise in einem Einschnitt lagen, baute man das Empfangsgebäude aus Kostengründen auf dem normalen Niveau, so daß eine Freitreppe erforderlich wurde. Den nahezu quadratischen Grundriß und das Obergeschoß in Fachwerk veränderte ein Umbau gegen Ende des letzten Jahrhunderts. Nach einer Wendung von fast 180° überschreitet die Strecke bei Höhenreutin die Ach und verläuft nun beinahe direkt nach Süden, um Höhe zu gewinnen. Zwischen Schlachters, bereits 1853 als Expedition eröffnet und Wohmbrechts müssen die Züge zunächst ein 18 Fuß (5,25 m) tiefes und über 3000 Fuß (875,57 m) langes Torflager und we-

Über den Viadukt bei Mariathann rollt im September 1962 der D 180 München–Genf.
Foto: Gottfried Turnwald

nig später das noch größere Degermoos überqueren. Erster Halt der Regional-Express-Züge ist heute Hergatz. Hier zweigt seit 1890 die von internationalen Schnellzügen häufig benutzte Strecke über Memmingen nach Buchloe ab. Das Empfangsgebäude von Hergatz besteht aus einem dreistöckigen Hauptbau aus Backsteinen und zwei unterschiedlichen Seitenflügeln. Im Erdgeschoß befanden sich neben dem Wartesaal die Diensträume und in den Anbauten Holzlegen, eine Wärterstube und Abtritte. Zusätzlich gab es noch ein zweistöckiges Wasserhaus direkt an den Holzlegen angebaut. Während im Laufe der Zeit die Seitenflügel verändert wurden, erhielt das Hauptgebäude nur einen Verputz[30].

Ständig mit 1:100 ansteigend, überschreitet die Strecke bei Mariathann auf einer 27 m hohen Brücke die Laiblach. Ursprünglich bestanden die Überbauten aus schweizerischem Lärchenholz nach Howe'scher Bauart, wurden aber nach einigen Jahren durch solche aus Eisen ersetzt. Vorbei an den aufgelassenen Halten Opfenbach, Biesenberg und Heimenkirch erreichen die Züge über einige Dämme den Bahnhof Röthenbach, in der Gemeinde Oberhäuser gelegen. Hier begannen einmal die beiden Nebenbahnen nach Weiler und Lindenberg. Das Empfangsgebäude in Röthenbach bestand aus einem zweistöckigen Hauptbau, der im Erdgeschoß den Warte- und die Diensträume beherbergte, sowie zwei Seitenflügeln, in denen die Restauration, Abtritte, Holzlegen und ein Stationsdienerzimmer untergebracht waren. Zu Anfang des Jahrhunderts wurde das alte Gebäude durch einen Neubau ersetzt, der heute an den oberen Geschossen mit Holz verkleidet ist. Direkt an die Ausfahrsignale anschließend beginnt der Rentershofener Damm, der den gleichnamigen Tobel überbrückt. Nach Kosmas Lutz wurde »die Ausführung dieses, keinen Durchlaß enthaltenden Dammes anstatt eines Viaduktes [...] beschlossen, nachdem die vorgenommenen Schürfungen für letzteren in einer Tiefe von mehr als 10 m noch keinen tragfähigen Baugrund, sondern durchaus Moorboden ergeben hatten«[21]. Der Damm selbst bildet eine Wasserscheide zwischen zwei kleineren Flüssen[13]. Weder aus dem fahrenden Zug noch aus der Landschaft heraus läßt sich die Aufschüttung heute leicht erkennen. Die fast vollständige Bewaldung entzieht diese den ortsunkundigen Blicken. Nur unweit entfernt überschreitet die Strecke mittels einer aus drei Öffnungen bestehenden Brücke, die ebenfalls zunächst aus Lärchenholz bestand, auf 32 m Höhe den Ellhofer Tobel.

RE 4506 am 9. August 1996 auf der Brücke über den Ellhofer Tobel.
Foto: Stephan Kuchinke

1957 ist eine P 10 mit einem Güterzug beim Einfahrsignal von Harbatzhofen unterwegs. Dort, wo das Bahnwärterhäuschen steht, wäre eigentlich der Tunnelmund gewesen, hätte sich die Eisenbahnbau-Commission nicht nachträglich für einen Einschnitt entschieden.
Foto: Gottfried Turnwald

Das ursprüngliche Gebäude in Harbatzhofen bestand aus einem dreistöckigen Hauptbau und zwei verschiedenen Anbauten, darunter einem Wasserhaus, das durch einen Holzflügel mit dem Hauptgebäude in Verbindung stand. Als Baumaterial kam wie häufig Backstein und Holz zur An-

Kurz hinter Oberstaufen, bei Buflings, sind 218 401 und 218 479 am 9. August 1996 mit RE 3775 unterwegs.
Foto: Stephan Kuchinke

Noch eineinhalb Zuglängen und RE 4510 wird in Oberstaufen am Bahnsteig stehen. Am 30. März 1996 ist 218 408 aus Kempten die Zuglok.
Foto: Stephan Kuchinke

wendung. Im Laufe der Zeit ersetzte man die zunächst aus Holz gebauten, einstöckigen Seitenflügel durch massive Bauten[30]. Die ersten Planungen sahen direkt an der Station Harbatzhofen einen Tunnel vor. Bei Carl von Bauernfeind findet sich in der Aufstellung der Kunstbauten in der Veröffentlichung »Beschreibung der Königl. Bayerischen Staatseisenbahnen« aus dem Jahre 1846 unter Herbatzhofen (ein kleiner Schreibfehler): »ein 1630′ langer Tunnel; vor ihm ein 30′ hoher Abtrag in dem die Station Herbatzhofen liegt, und hinter ihm ein 30′ hoher und 600′ langer Damm«[13]. Der Tunnel selbst wurde dann aber doch nicht gebaut, ein imposanter Einschnitt er-

Im Tal der Konstanzer Ach ist am 9. August 1996 bei Thalkirchdorf 218 240 mit RE 3781 unterwegs.
Foto: Stephan Kuchinke

18 480, 1923 als 3681 von J. A. Maffei an die Gruppenverwaltung Bayern geliefert, fuhr vom 3. Dezember 1923 bis zur Ausmusterung am 2. November 1955 für das Bw Lindau. Hier ist sie am 18. Februar 1952 bei Thalkirchdorf unterwegs.
Sammlung Reinhold Breubeck

hielt den Vorzug. Direkt im Anschluß daran findet sich eine 52,53 m lange steinerne Brücke mit drei Bögen über die Obere Argen.

Nach Süden verlaufend erreicht die Strecke nach 50 Kilometern mit Oberstaufen auf 789,15 m ü. NN den zweithöchsten Bahnhof auf der Wasserscheide zwischen Argen und Weißach.

Hier ereignete sich im Sommer 1905 der wohl spektakulärste Unfall auf der ganzen Strecke. Bei Rangierarbeiten lösten sich einige Wagen und rollten in Richtung Lindau talwärts. Die Fahrt wurde erst vom Bodensee gestoppt, in den die Waggons fielen, nachdem diese alle Bahnhöfe, Lindau, die Trajektanstalt und das dort

Beim ehemaligen Halt Ratholz, heute nur noch Blockstelle, ist 218 232 mit RE 4510 am 9. August 1996 auf dem Weg nach Lindau. Im Hintergrund ist der Alpsee zu erkennen.
Foto: Stephan Kuchinke

Im März 1958 verläßt 18 516 mit E 658 in Richtung Kempten den Bahnhof Immenstadt.
Foto: Gottfried Turnwald

liegende Trajektschiff durch- und überfahren hatten[9].

Das Stationsgebäude in Oberstaufen entsprach mit Ausnahme des zur Gleisseite zeigenden Giebels dem von Röthenbach. Gegen Ende des letzten Jahrhunderts ersetzte es die Staatsbahn durch einen Neubau[30]. Gleich hinter dem Bahnhof, der heute nur noch aus einem Bahnsteig und zwei Gleisen besteht und schon 1853 eine Expedition war, liegt der erste Tunnel. Mit 198,5 m Länge durchsticht dieser einen Ausläufer des Staufener Berges. Rechter Hand liegt etwa 175 m unterhalb der am Hang auf Dämmen verlaufenden Bahnstrecke die Talsohle. Unweit des Tunnelmundes und eines Viaduktes bei Hinterstaufen überschreitet die Strecke nun die Hauptwasserscheide zwischen Rhein und Donau, die allerdings mehr als 20 m tiefer als der Bahnhof Oberstaufen liegt. Vorbei an den aufgelassenen Halten Thalkirchdorf und Ratholz, noch als Blockstelle besetzt, durch das Tal der Konstanzer Ach passieren die Züge den Alpsee am nördlichen Ufer. Carl von Bauernfeind beschrieb vor 150 Jahren den Streckenverlauf so: »Von Staufen [gemeint ist Oberstaufen; d. Verf.] aus senkt sich die Bahn ins Achtal hinab, anfangs über Viadukte geführt und in steile Felshänge wie die des Staufener Kegels und jene bei Knechtenhofen eingeschnitten, später auf sanft geneigten, nur hie und da von Gießbächen (Tobeln) durchschnittenen Wiesgründen an dem Alpsee vorbei und theilweise in ihm bis Immenstadt sich hinschlängelnd.«[45] Bei Bühl (Alpsee) gab es damals einen 730 m langen Damm durch den See, der heute allerdings nicht mehr auszumachen ist. Unweit des Alpsees, am Fuß des Mittagberges, liegt der Bahnhof Immenstadt, 1853 eine Expedition. Hier zweigt die 1873 eröffnete und 1888 nach Oberstdorf verlängerte Strecke nach Sonthofen ab. Die Nähe zum Gebirge bietet dem Bahnhof Immenstadt nach von Bauernfeind »eine der schönsten Lagen die man wünschen kann«[44]. Das Bahnhofsgebäude entstand auf einem Steinsockel aus Holz und war mit Schiefer eingedeckt. Zusätzlich zum zweigeschossigen Hauptbau gab es noch zwei einstöckige Seitenflügel. Im Gegensatz zu den anderen Bahnhöfen hatte Immenstadt zwei Wartesäle, einen im Hauptbau, der zweite, der nur bei großem Andrang benutzt wurde, befand sich in einem der Seitenflügel. Um die Jahrhundertwende entstand das heutige Gebäude[30].

Entlang der Iller verläuft die Strecke nun nach Kempten – doch lassen wir hier wieder Carl von Bauernfeind zu Wort kommen. »Nachdem die Bahn unterhalb der Einmündung der Ach in die Iller auf eine Länge von 500 Fuß [145 m; d. Verf.]

18 619 mit einem schweizerischen Schnellzug im Jahr 1962 nördlich von Immenstadt.
Sammlung Reinhold Breubeck

Bis zur schweren Entgleisung bei Aitrang befuhr täglich ein schweizerischer RAm die Strecke Lindau–München als TEE »Bavaria«. Zwischen Immenstadt und Kempten führt die Strecke an der Iller entlang. Foto: Gottfried Turnwald

durch das Bett der letzteren führt und auf weitere 3000 Fuß [870 m; d. Verf.] an dem steilen Flußufer hinzieht, gewinnt sie eine weit ausgedehnte Ebene, auf der sie sich in einer Länge von etwa einer Meile entwickelt. Hierauf zieht sie sich nach der bei Oberdorf liegenden untergeordneten Wasserscheide zwischen der Iller und dem Niedersonthofener See, übersetzt bei Waltenhofen die Schlucht des Waltenhofener Bachs, und indem sie sich der Iller wieder nähert, bewegt sie sich an den flachen östlichen Gehängen der auf der Waltenhofener Hochebene liegenden kleinen Hügel und von da nach dem auf der Ebene zwischen dem Hochufer der Iller und der Immenstadter Straße liegenden Bahnhof in Kempten, der von dem Fischerthor ungefähr 1200 Fuß entfernt ist. Ein in technischer Beziehung geeigneter näher gelegener Platz für den Bahnhof war nicht zu ermitteln. Die Terrainverhältnisse bringen es mit sich, daß in Kempten eine Kopfstation angelegt werden muß.«[44] Zwischen Immenstadt und Kempten liegen der aufgelassene Halt Seifen, als Blockstelle noch besetzt, der Halt Oberdorf, der seit 1971 Martinszell heißt, und der Halt Waltenhofen, ebenfalls aufgelassen. In Kempten entstanden großzügige Betriebsgebäude. Der Hauptbau hatte vier Stockwerke und beherbergte im Untergeschoß nur Diensträume und Gänge für Reisende. Vom dortigen Billetlokal kam man durch einen Verbindungsgang, einem Holzbau mit den Abtritten, der zur Bahn hin eine gemauerte Wand besaß, in das einstöckige Wartesaalgebäude mit Restauration. Die Güterhalle war ebenfalls durch eine Mauer, an die noch weitere Abtritte angebaut waren mit den Wartesälen verbunden. Zur Bahn hin hatte der etwa 62 m lange Komplex auf gesamter Länge ein Bahnsteigdach. Trotz eines Umbaus im Jahre 1876 entsprachen die Gebäude schon bald den Anforderungen nicht mehr, so daß 1888 ein Neubau eingeweiht wurde. Nach der Verlegung des Kemptener Bahnhofes an die Umgehungsbahn fielen die neuen Gebäude in den 70er Jahren der Spitzhacke zum Opfer[30]. Bedeutung für die Zugförderung auf der Ludwigs-Süd-Nordbahn hatte und hat das Bw und der jetzige Betriebshof Kempten. Aus einer kleinen Lokomotivremise der Staatsbahn entstand im Laufe der Zeit das Diesel-Bahnbetriebswerk des südwestlichen Bayerns. Nach dem Ende der Dampftraktion, hier sind besonders die pr. P 10 hervorzuheben, beheimatete Kempten zahlreiche V 200 und Maschinen der V-160-Familie, darunter auch die Einzelgänger V 320 und V 169. Besonders interessant aber waren die Gasturbinen-Loks der Baureihe 210, für die die schwierige Ludwigs-Süd-Nordbahn eine passende Erprobungsstrecke darstellte. Das nach der Bahnreform in Betriebshof Kempten umgetaufte Bw stellt heute für das ganze Allgäu und darüber hinausgehende Strecken Dieselloks der Baureihen 212 und 218, alle drei 628-Bauarten und einige 627[1].[45]

Von Kempten nach Augsburg

Bis 1969 war Kempten Hbf ein Kopfbahnhof, wenn auch die meisten Schnellzüge die Umgehungsbahn benutzten. Die 137,79 m lange, ursprünglich aus Holz erbaute Illerbrücke ersetzte die Staatsbahn zwischen 1904 und 1906 durch eine viergleisige Betonbrücke, damals eine der größten der Welt. Vorbei an Betzigau und Wilpoldsried, als Halte mittlerweile aufgelassen, erreichen die Züge Günzach, mit 812 m ü. NN, der höchste Halt der Ludwigs-Süd-Nordbahn. Bestimmt durch die Lage des Bahnhofes, seit der Streckeneröffnung als Expedition, existierte hier eine Wasserstation. Diese wurde durch eine ergiebige Quelle versorgt[30]. Noch über 30 Jahre hatte die Bayerische Staatsbahn mit Günzach ihren höchstgelegenen Halt. Nicht weit entfernt überschreitet die Strecke bei Miltenberg die Wasserscheide zwischen Iller und Wertach und erreicht mit 817,22 m ü. NN ihren höchsten Punkt.

Über Aitrang, Schauplatz des wohl schwersten Zugunglückes der Ludwigs-Süd-Nordbahn, geht es in östlicher Richtung bis Biessenhofen. Die Entgleisung des TEE 56 »Bavaria« ereignete sich am 9. Februar 1971 gegen 18.45 Uhr. Der schweizerische RAm 501, ein vierteiliger Diesel-Triebzug, entgleiste in einer Kurve kurz hinter Aitrang bei 125 km/h – zugelassen waren 80 km/h. Die drei vorderen Teile des Triebzuges rutschten den Bahndamm hinab, während sich der Maschinenwagen auf den Streckengleisen querstellte. Wenig später fuhr ein leer fahrender Schienenbus in den verunglückten TEE. Bei dem Unfall kamen 27 Menschen, darunter auch die Lokführer der beiden Triebwagen, ums Leben [46].

Heute lassen sich auf dieser Illerbrücke in Kempten keine Züge mehr fotografieren. Statt 18 617 in Richtung Hauptbahnhof rollt nun der Straßenverkehr Richtung Innenstadt; März 1964.
Foto: Gottfried Turnwald

Oben: Auf der Illerbrücke der Umgehungsbahn von Kempten zieht 50 1405 (Bw Augsburg) einen Güterzug; 8. Februar 1964.
Foto: Helge Hufschläger

Neben den 18⁴⁻⁶ waren lange Zeit 39er des Bw Kempten im südlichen Teil der Ludwigs-Süd-Nordbahn unterwegs. 39 084 hat im Jahr 1954 mit Zug 1510 gerade Kempten hinter sich gelassen.
Foto: Gottfried Turnwald

Vorbei an Ruderatshofen, seit 1987 als Halt aufgelöst, erreichen die Züge Biessenhofen. Der Bahnhof Biessenhofen stellt ein besonderes Kapitel dar. Bereits 1853 gab es ein besonderes »Cabinet für Allerhöchste Herrschaften«, schließlich lag die Expedition Biessenhofen näher als alle anderen Halte an Füssen und Hohenschwangau. Ludwig II., oft als »Märchenkönig« bezeichnet,

Den höchsten Punkt der Ludwigs-Süd-Nordbahn haben 218 426 und 218 471 mit IR 2164 bereits hinter sich, als sie am 30. März 1996 Günzach (801 m ü. NN) durchfahren.
Foto: Stephan Kuchinke

Einen Güterzug schleppt 57 2073 des Bw Kempten am 5. Juni 1939 unter einer Wegunterführung bei Ruderatshofen hindurch.
Sammlung Helge Hufschläger

wuchs auf dem Schloß Hohenschwangau auf. Während seiner Regierungszeit von 1864 bis kurz vor seinem Tod 1886 reiste er sehr häufig zwischen München und dem Schloß seiner Jugend, später auch seinem prunkvollem Neubau Neuschwanstein. Bis 1876 mußte er dazu in Biessenhofen seinen luxuriösen Hofzug – Salon- und Terrassenwagen sind heute im Verkehrsmuseum Nürnberg zu besichtigen – verlassen und mit einer Kutsche oder einem Schlitten vorliebnehmen. Um dem König die Wartezeit angenehm zu gestalten, gab es einen speziellen, separat angebauten Raum, den »Blauen Salon«. Nach der Eröffnung der Bahnstrecke von Biessenhofen nach Marktoberdorf verliefen sich Allerhöchste Herrschaften nur noch selten in den kleinen Ort [47].

Das Bahnhofsgebäude Biessenhofen im Januar 1938. Rechts ist der Anbau für den Salon Ludwigs II. zu erkennen.
Sammlung Reinhold Breubeck

18 508 südlich von Kaufbeuren.
Foto: Gottfried Turnwald

In Richtung Kaufbeuren wendet sich die Strecke nun entlang der Wertach wieder nach Norden. Der Bahnhof selbst liegt noch südlich des Flusses. Seine 1922 gewonnene Bedeutung als Abzweigstation hat er mit Stillegung der Strecke nach Schongau 1977 eingebüßt. Das Empfangsgebäude bestand aus einem dreistöckigen Bau, an den sich zwei Seitenflügel anschlossen, die di-

Das alte Bahnhofsgebäude von Kaufbeuren wurde 1978 abgerissen; kurz zuvor entstand die Aufnahme. Sammlung Reinhold Breubeck

Als Lz überquert eine 218 die Wertach bei Kaufbeuren. Diese Brücke hatte den Bahnbau einige Monate verzögert.
Foto: Reinhold Breubeck

rekt im Erdgeschoß des Hauptbaues aufgingen. Zwischen den Seitenflügeln und zwei separaten Abtritten zog sich jeweils eine Mauer hin, die gleichzeitig Stütze des Bahnsteigdaches war [30].

Das Gebäude wurde 1978 abgerissen und durch einen Flachbau ersetzt, der vier Mio. DM kostete[47]. Die nördlich der Station liegende Wertachbrücke bereitete den Bahnbauern einige Pro-

Selten sind die Berge so nah, wie am 8. Juni 1994, als zwei 218 den IR 2602 Oberstdorf–Berlin bei Pforzen durchs Allgäu ziehen.
Foto: Reinhold Breubeck

Bei St. Alban schleppt eine 218 am 13. Juni 1993 den IR 2602.
Foto: Erwin Bier

221 143 und eine 210 vor einem Personenzug am 20. April 1973 bei Weinheim.
Foto: Mlady

bleme. Schon 1847 fuhr der erste Zug nach Kaufbeuren, mußte aber auf einem provisorischen Stationsplatz am Ufer der Wertach enden. Die heute noch vorhandene steinerne Brücke über den Fluß konnte erst mit der Strecke nach Kempten 1852 eröffnet werden.

Vorbei an den ehemaligen Halten Leinau, Pforzen und Beckstetten geht es nun geradewegs nach Norden. Der aufgelassene Bahnhof Pforzen war von 1940 bis 1954 Ausgangspunkt eines Zweiggleises zur Pulverfabrik der Dynamit AG. Nach dem Krieg nutzte die Bahn die Strecke, um Rohstoffe der Glasindustrie in den neuen Kaufbeurer Stadtteil Neugablonz zu bringen. Zwischen 1954 und 1958 konnte man auch ein seltsames Schauspiel in Pforzen beobachten. Der Straßen-Schienenbus erreichte oder verließ hier das Gleis auf seinem Weg von Augsburg über Bad Wörishofen nach Füssen[47]. Zwischen Aitrang und Pforzen verläuft die Bahnstrecke im Wertachtal, ehe sie bis Buchloe eine Hochebene nutzt.

Noch vor dem 1983 aufgelassenen Halt Beckstetten kann der Reisende noch heute ein interessantes Stück Geschichte vom Zug aus sehen. Linkerhand steht auf einer Anhöhe nahe der Strecke die 13 m hohe Mariensäule. Als die Ludwigs-Süd-Nordbahn gebaut wurde, besaß der wohlhabende Großbauer Martin Ried zwischen Buchloe und Kaufbeuren große Ländereien. Die Strecke sollte ursprünglich mitten durch seinen Besitz verlaufen. Der zähe Ried konnte aber die Verlegung an den Rand seiner Felder erreichen. Zum Dank ließ der gottesfürchtige Mann 1848 die Säule mit einer kleinen Kapelle darin errichten[47].

Im Bahnhof Buchloe kreuzen sich die Ludwigs-Süd-Nordbahn und die Strecke von München nach Memmingen. Schon zum Streckenbau erwartete man in Buchloe ein bedeutendes Verkehrsaufkommen. Die damalige Eilcoursstation ist heute Halt für zahlreiche EC-Züge, die von München kommend über Memmingen nach Lindau fahren. Das kleine Bahnbetriebswerk, aus einer Wagenremise der Anfangstage hervorgegangen, bestand bis 1972 als eigenständige Dienststelle. Das erste Empfangsgebäude von Buchloe setzte sich aus einem kleinen zweistöckigen Mittelbau und zwei größeren, ebenfalls zweistöckigen Seitenflügeln zusammen. Im Erdgeschoß befanden sich zwei Warteräume und die Dienstzimmer[30]. Im Jahr 1873 baute die Staatsbahn ein neues zweistöckiges Gebäude mit zwei verschiedenen Seitenflügeln, das allerdings 1967 abgerissen und durch einen unscheinbaren Neubau ersetzt wurde.

Gerade aus vier Wagen besteht Üg 67 369 im September 1992 zwischen Pforzen und Beckstetten unterhalb der Mariensäule. Foto: Erwin Bier

Ohne größere Biegungen verläuft die Strecke nun bis Schwabmünchen im Tal der Genach. Das weite Tal machte dem Bahnbau nur unwesentliche Schwierigkeiten. Die »Erdarbeiten sind ihrer Masse nach von keiner Bedeutung, doch wird ihre Ausführung bei Buchloe, Dilleshausen, Lamendingen und Langeneringen dadurch erschwert, daß sich in der Nähe dieser Orte in der Bahnunterlage, welche teils aus Moorerde, theils aus Kies und Letten besteht, Tuffsand in Schichten von 1 bis 5 Fuß [0,3 bis 1,5 m; d. Verf.] findet, der ausgehoben und beiseite geschafft werden muß [...]«[44]. Unmittelbar hinter dem Bahnhof Buchloe überschreitet die Strecke die Genach auf einer Stahlträgerbrücke. Zunächst gab es hier eine höl-

Die 13 m hohe Mariensäule bei Buchloe Foto: Reinhold Breubeck

Im flachen Tal um Buchloe ist 210 007 am 15. August 1977 mit einem Schnellzug in die Schweiz unterwegs.
Foto: Mlady

Am 8. Februar 1964 stehen 18 616 mit E 766 nach Tübingen, 18 617 mit E 880 nach Oberstdorf und 50 1405 mit einem Güterzug nach Kempten in Buchloe.
Foto: Helge Hufschläger

zerne Balkenbrücke mit massiven Pfeilern und acht Öffnungen.

An den aufgelassenen Halten Dillishausen, Lamerdingen und Westeringen vorbei erreichen die Züge heute Schwabmünchen als ersten Halt. Der Ort war bereits 1847 Eilcours- und Wasserstation. Das zweistöckige, auf quadratischem Grundriß gebaute Stationsgebäude hatte zwei Seitenflügel. Die Dächer der Anbauten hatten die Form von halben Pyramiden und zogen sich bis zum zweiten Stock des Hauptbaues hinauf, was dem gesamten Komplex ein eigenartiges Aussehen verlieh. Beidseitig schlossen sich überdachte Ausgänge und massive Bauten für Holzlegen und

Lange Zeit waren die Akku-Triebwagen ein vertrautes Bild rund um Buchloe. An einem Sommertag des Jahres 1985 wird der E 3958 von zwei 515 gebildet; die Aufnahme entstand in Bobingen.
Foto: Erwin Bier

Ein 601 durcheilt im November 1987 als Alpen-See-Express den Bahnhof Westeringen.
Foto: Erwin Bier

Abtritte an. Nach einigen Umbauten existiert das Gebäude heute noch. Gegenüber stand einst ein Wasserhaus mit Torfmagazin, das auf zeitgenössischen Darstellungen einen sehr imposanten Eindruck macht[30].

Vorbei an Großaitingen erreichen die Züge nun Bobingen. Hier zweigt die 1877 eröffnete Strecke nach Kaufering ab. Zu den oben erwähnten, nicht zahlreichen, Erdarbeiten gehört ein Damm, der eine Länge von 500 Fuß und eine Höhe von 27 Fuß hat. Bei Inningen findet sich eine 600 Fuß lange Auffüllung. Bei Langeneringen wird die Siegolt mit einer massiven Brücke überschritten[13]. Vorbei an den alten Bw-Anlagen von Augsburg, mit Halt in Augsburg-Morellstraße, erreichen die Züge Augsburg Hbf.

Mit Langsamfahrt verläßt 18 471 vor einem Personenzug am 28. Oktober 1952 in Richtung Buchloe Augsburg Hbf.
Sammlung Helge Hufschläger

Der Bahnhof Augsburg

Der heutige Augsburger Bahnhof ist erst seit 1846 in Betrieb. Zunächst endete die private München-Augsburger-Eisenbahn südöstlich der Stadt vor dem Roten Tor. Die Planungen sahen bereits frühzeitig eine Verbindung der Staatsbahn mit der Privatbahn vor. Von 1844 bis 1846 lag der Bahnhof Augsburg der Ludwigs-Süd-Nordbahn in Oberhausen, damals noch eigenständig. Mit Fertigstellung der Gleisanlagen des neuen Bahnhofs, der Überbrückung der Wertach und der Verlegung des Endpunktes der Münchener Strecke im Jahr 1846 konnte der Betrieb auf dem heutigen Gelände aufgenommen werden. Das Empfangsgebäude befand sich aber noch in der Fertigstellung. Der etwa 70 m lange Komplex bestand aus zwei eingeschossigen Pavillons, die durch Arkadengänge mit einem zweigeschossigen Mittelbau verbunden waren. Der Reisende gelangte über Eingänge in der Mitte des Gebäudes zu den Billetlokalen im Inneren. Von dort aus ging er durch die Arkadengänge zu den Warteräumen, die sich in den seitlichen Pavillons befanden. Bereits wenige Jahre später, 1852 und 1853, kamen seitliche Anbauten hinzu. Diese bestanden aus dreistöckigen Seitenflügeln, die durch zweigeschossige Verbindungstrakte an die alten Pavillons angeschlossen waren. Aber auch diese Erweiterung, sie enthielt unter anderem auch Räume für die Restauration und die Telegraphenanstalt, konnte nicht endgültig befriedigen. Eine Vergrößerung des Bahnhofes Augsburg »erschien im Jahre 1867 als ein dringendes Bedürfnis, nachdem sich die Mißstände vorzugsweise durch die große Beschränktheit der Billet-, Gepäck-, Kassen- und Postlokalitäten, sowie die Unzulänglichkeit der zugleich als Restauration benutzten Wartsäle, ferner durch die Unzulänglichkeit der Werkstätten und den Mangel an Wechselwärterhäusern ergeben hatten«[21]. Daher folgte ab 1869 eine neuerliche Umgestaltung, die nicht allzuviel vom alten Zustand übrigließ. Das Gebäude besteht nun aus einem dreigeschossigen Mittelbau, der durch lange zweistöckige Seitenflügel mit zwei Eckbauten verbunden ist. Die gesamte Vorderfront zwischen den Eckbauten besitzt einen Arkadengang. Im Laufe der Jahre erfuhr dieser Zustand durch Um- und Anbauten zahlreiche Veränderungen. Bei einer Renovierung erhielt das Gebäude jedoch den Arkadengang wieder, so daß es sich mit Ausnahme des Verputzes nahezu im alten Zustand präsentiert[30]. Zusätzlich zu den Umbauten des Empfangsgebäudes kam noch eine neue Kesselschmiede zur Ausführung.

Als schließlich die Paartalbahn gebaut wurde, nahm der Platzmangel im Bahnhof überhand. Nun erweiterte man für etwa drei Mio. Mark die Gleisanlagen deutlich. »Diese Erweiterungsbauten, die in der Hauptsache in den Jahren 1873–1875 zur Ausführung kamen, erstreckten sich insbesonders auf Verlängerung und Vermehrung der Geleise, Herstellung von Lagerplätzen, Erbauung eines Anheizhauses für 48 Lokomotivstände mit Wassernahms-Vorrichtung, einer Transitladehalle mit Expeditionsgebäude, endlich auf Perrondächer und den Perrontunnel. Weiter wurden 5 Wechselwärterkasernen mit zusammen 48 Wohnungen und ein größeres Gebäude mit 9 Beamtenwohnungen zur Ausführung gebracht [...].«[21] Zusätzlich entstand unter der nördlichen Bahnhofsausfahrt noch eine Straßenunterführung und eine eiserne Fußwegbrücke.

Das einstmals bedeutende Bw Augsburg existiert als Dienststelle heute nicht mehr. Lange Zeit beheimatete es bis zu 160 Lokomotiven und bespannte Züge im weiten Umkreis um die Stadt. Nach Abgabe der letzten 212 im Jahre 1993 fährt nur noch Augsburger Personal auf Maschinen der umliegenden Betriebshöfe[45].

Streckenkarte aus dem Kursbuch von 1891; Ausschnitt aus dem mittleren Teil.

Von Augsburg nach Nürnberg

In Augsburg beginnt die Rennstrecke auf der Ludwigs-Süd-Nordbahn. Fast kerzengerade zieht sich die Strecke bis nach Donauwörth. Schon immer gab dieser Abschnitt den Lokführern die Möglichkeit, die Höchstgeschwindigkeit der Dampflokomotiven auszufahren, da er konsequent nach dem englischen Vorbild gestaltet war. Heute fahren die schnellen Reisezüge von der Linienzug-Beeinflussung geführt 200 km/h. Noch vor dem Halt in Augsburg-Oberhausen, wo der erste Staatsbahnhof lag, überquert die Strecke die Wertach. Die nun folgenden knapp 40 Kilometer gaben nur zu wenigen Kunstbauten Anlaß. Auf einer weiten Hochebene zwischen Lech und Schmutter, später am rechtsseitigen Ufer der Schmutter entlang, zieht sich die Bahnlinie dahin. Erster Halt ist Gersthofen, zunächst als Expedition eröffnet, wenig später aber zu einer Haltstelle zurückgestuft. Das aus Backstein gemauerte Gebäude stand mit der Längsachse im rechten Winkel zur Bahn und besaß nur ein Geschoß. Etwa ein Drittel des Grundrisses umfaßte den zum Gleis gelegenen Warteraum, der Rest die Wohnung des Stationsmeisters. Zusätzlich gab es noch eine freistehende Waschküche. Um die Jahrhundertwende stockte man das Gebäude um ein Geschoß auf[30]. Die Halte Gablingen, Langweid und Herbertshofen bedienen die Regionalbahn-Züge, die zum größten Teil aus Doppelstockwagen gebildet werden.

Meitingen war schon von Beginn an Eilcoursstation und Expedition. Der Bahnhof besaß ein zweigeschossiges Gebäude aus Ziegelmauerwerk, mit Solnhofener Platten eingedeckt. Im Erdgeschoß fanden sich neben dem Wartesaal und den Diensträumen noch eine Holzlege und ein Abtritt. Zusätzlich gab es noch ein Wirtschaftsgebäude mit Stall, Waschküche und einer Kammer. Im Jahr 1935 ersetzte die Reichsbahn den Bau durch ein neues Gebäude[30].

Der Halt in Westendorf kam erst nach der Jahrhundertwende hinzu. In Nordendorf gab es 1844 noch keinen Halt, ein solcher wurde erst zum 1. Juni 1846 eingerichtet. Wegen des Versuchscharakters dieser Eröffnung baute man zunächst nur eine kleine Bahnwärterhütte als Warteraum für die Fahrgäste. Dieses Experiment brachte einen solchen Erfolg, daß es bald zur Umwandlung in eine Expedition kam, die auch ein eigenes Gebäude erhielt.

Vorbei an Mertingen und Bäumenheim erreicht die Bahnstrecke nun Nordheim – allerdings ist dieser Ort ohne Halt.

Ab hier soll die ursprüngliche Streckenführung beschrieben werden. Die späteren Änderung kommen unten zur Sprache. »Nach Überschreitung der Schmutter mittels einer eisernen, 2 Öffnungen von je 6,20 m Lichtweite enthaltenden Brücke wurde die Bahn [...] über die Donau auf einer 6 Durchlaßöffnungen haltenden schiefen Brücke [...] geleitet und in den hart am nördlichen Donauufer und am Fuße des Schellenberges gelegenen Bahnhof Donauwörth durch eine strenge Kurve von 650 Fuß (189,7 m) Radius eingeführt.«[21] Die Lage des Bahnhofs diktierten zum Teil auch militärische Interessen. Das Empfangsgebäude bildete ein quadratischer etwa 14 x 14 m messender, dreigeschossiger Bau, der durch einen eingeschossigen Trakt mit einem Gebäude verbunden war, das gleichzeitig als Wagenremise und Ladehalle diente. Als Baumaterial verwendete man Ziegelmauerwerk und zum Eindecken Solnhofener Platten[30].

Vor der Kulisse Nördlingens erreicht 56 676 mit P 1156 im Jahr 1953 aus Donauwörth den Bahnhof. Foto: H. Topp; Sammlung Helge Hufschläger

Zwischen Lindau und Donauwörth gab es ursprünglich 342 Kreuzungen zwischen der Ludwigs-Süd-Nordbahn und Straßen. Davon befanden sich 330 auf gleicher Höhe, neunmal überbrückte die Bahn Wege oder Straßen, dreimal überbrückten Straßen die Bahn[13].

Vom Bahnhof Donauwörth aus umging die Strecke zunächst die Stadt, um dann die nördliche Vorstadt Berg mittels eines 161,69 m langen Tunnels zu unterfahren. Im Tal der Wörnitz verlief die Bahn nun bis Wörnitzstein, wo sie die Wörnitz überbrückt. Nach einem Halt in Ebermergen erreichen die Züge, weiter im Wörnitztal fahrend, Harburg. Zur Streckeneröffnung und noch einige Jahre später gab es nur ein provisorisches Empfangsgebäude aus Fachwerk. »Es kommen auf der verhältnismäßig kurzen Strecke von Harburg bis Katzenstein auf nur 4 km Länge 4 schiefe Bahnbrücken vor. Jede derselben hat 5 Durchflußöffnungen zu je 17,40 m Weite und ihre von Blechträgern, früher von Bogenhängwerken getragenen Fahrbahnen liegen im Mittel 13,72 m über dem Nullpunkt des Wörnitzspiegels; der allzu gewundene Lauf der Wörnitz hat bei jeder dieser Brücken eine Verlegung des Flußbettes herbeigeführt.«[21]

Die ölgefeuerte Reko-50 des Bayerischen Eisenbahnmuseums mit einem der Sonderzüge auf der Ludwigs-Süd-Nordbahn zwischen Nördlingen und Gunzenhausen bei Lopsingen.
Foto: Simon Scherer

Hinter Harburg verläßt die Strecke das Tal und führt im Egertal weiter über Hoppingen und Möttingen nach Nördlingen. Zweckmäßiger wäre ein Bau an Nördlingen vorbei direkt nach Oettingen weiter durch das Wörnitztal gewesen, doch die Berührung von Nördlingen gab den Ausschlag für die Linienführung.

Im Bahnhof Nördlingen saß seit 1850 ein Bahnamt. Zur Eröffnung gab es nur ein provisorisches Stationsgebäude, welches 1858 durch einen Neubau ersetzt wurde. Das dortige Bahnbetriebswerk, das heute das »Bayerische Eisenbahnmuseum« beherbergt, entstand im Jahr 1849. Als eigenständige Dienststelle löste es die DB 1985 auf.

Schon seit Möttingen verläuft die Strecke nun in der fruchtbaren Riesebene. Vorbei an Dürrenzimmern, das wie alle Halte bis Pleinfeld zur Eröffnung nur ein provisorisches Gebäude hatte, erreicht die Strecke bei Oettingen wieder das Wörnitztal. Die dortige Talüberschreitung erforderte einen 2½ km langen Damm und eine Brücke über die Wörnitz mit fünf Öffnungen, die auf Pfahlrosten fundiert ist. Wie schon bei Harburg mußte wieder die Wörnitz verlegt werden[20]. Auf der linken Talseite erreicht die Strecke über Auhausen Wassertrüdingen. Dort verläuft die Bahn nun im Tal des Schobdachbaches, überschreitet diesen mehrfach und führt in stetiger Steigung an Unterschwanningen und Kronheim vorbei zur Wasserscheide zwischen Rhein und Donau. Diese überquert sie in einem 18 m tiefen Einschnitt, dem einige Dämme von bis zu 14 m Höhe folgen.

Nach der Überbrückung des Wurmbaches und der Altmühl fällt die Strecke gegen Gunzenhausen ab. »Die Bahnbrücke über den Wurmbach hat 6 halbkreisförmig gewölbte Öffnungen von je 7,59 m Weite, deren Planie liegt 14 m

Die Brücke zwischen Reichelsdorf und Katzwang kurz nach dem Zweiten Weltkrieg. An der Färbung der Steine ist deutlich die Stelle zu erkennen, wo sie 1945 gesprengt worden war.
Sammlung Frank Schneider

über der Talsohle. Die Altmühlbrücke, kurz vor der Station Gunzenhausen, hat 9 mit Segmentbogen gewölbte Lichtöffnungen von je 14,59 m Weite und die Fahrbahn liegt 8,76 m über der Tahlsohle.«[21]

Nach Querung des Altmühltales erreicht die Bahn über Langlau durch das St. Veitertal den Bahnhof Pleinfeld und stößt wieder auf die direkte Verbindung von Augsburg nach Nürnberg über Treuchtlingen, die die Schnellzüge heute benutzen.

Im schwäbischen Rezattal, etwa 11 ½ m über der Talsohle auf einer Art Terrasse, verläuft die Strecke über Mühlstetten, Georgensgmünd – zwischen 1872 und 1995 Ausgangspunkt der Nebenbahn nach Spalt – und Unterheckendorf nach Roth. Der Weg dorthin führt über zahlreiche Quertäler und Wasserrisse hinweg. Neben mehreren Dämmen, so ein 66 Fuß (ca. 19 m) hoher bei Niedermauk, ein 55 Fuß (ca. 16 m) hoher bei Friedrichsgmünd und ein 40 Fuß (ca. 12 m) hoher bei Roth, erforderte dieser Abschnitt auch zahlreiche Brücken. Kosmas Lutz nennt als Beispiel deren drei: »a) Die Bahnbrücke über den Brombach bei der Mäusleinsmühle, 14,3 m über dem natürlichen Boden hoch, dieselbe zählt 8 im Halbkreis überwölbte Öffnungen von je 8,76 m Weite; b) die Bahnbrücke über die fränkische Rezat, hart vor deren Zusammenflusse mit der schwäbischen [zur Rednitz; d. Verf.]; Höhe derselben 14 m; 3 halbkreisförmig gewölbte Durchflußöffnungen von je 16,34 m ; Fundation auf Beton; c) die Bahnbrücke über die Aurach bei Roth, 11,4 m hoch mit 2 im Halbkreis überwölbten Öffnungen von je 11,79 m Weite [...]«[21].

Von Roth, Ausgangspunkt der 1888 eröffneten Strecke nach Greding, geht es weiter über Büchenbach und Rednitzhembach in einer größeren »Ausbiegung« nach Osten zum Bahnhof Schwabach.

Sämtliche Stationen zwischen Donauwörth und Schwabach hatten zur Eröffnung nur provisorische Empfangsgebäude erhalten. Die Eisenbahnbaukommission war mit den Planungen dem

Kurz hinter Nürnberg-Reichelsdorf tauschen die Richtungsgleise mit einem Überwerfungsbauwerk die Seiten. Bis Nürnberg Hbf wird die bay. P 3/5 H (38[4]) links fahren; um 1935. Foto: Ernst Schörner

Bahnbau nicht nachgekommen. Außerdem wartete man mit den Entwurfsarbeiten so lange, bis feststand, daß die Ludwigs-Süd-Nordbahn über Nördlingen verlaufen sollte[30].

Das Schwabacher Empfangsgebäude bestand aus einem dreistöckigen Mittelbau, an den sich zwei unterschiedliche Seitenflügel anschlossen. Durch den größeren Seitenbau betrat der Fahrgast das Gebäude und stand nun auf einem Vorplatz innerhalb des Baus den Diensträumen gegenüber. Während sich die Reisenden III. Classe nach rechts ins Hauptgebäude wenden mußten, um den Wartesaal zu erreichen, lag der Wartesaal I. und II. Classe linkerhand im Seitenflügel. Der andere Anbau enthielt neben Magazinen und Holzlegen noch Abtritte. Das aus Sandstein erbaute Gebäude war mit Schablonenschiefer eingedeckt[30]. Obwohl durch Umbauten verändert, existieren die Bauten noch heute.

Nachdem die Strecke hinter dem Bahnhof vorbei am Halt Schwabach-Limbach die Schwabach überschritten hat, erreicht sie Katzwang. »Die Bahnbrücke über das Schwabachthal, teils auf Felsgrund, theils auf Pfahlrost fundiert, hat von der Thalsohle bis zur Planie eine Höhe von 21 m und zählt 3 im Halbkreis gewölbte Öffnungen von 21,36 m, dann 21,60 m und 21,80 m Lichtweite.«[21] Zwischen Katzwang und Reichelsdorf (heute Nürnberg-Reichelsdorf) befindet sich mit der 15 m hohen und fünf Öffnungen haltenden, gemauerten Rednitzbrücke das größte Brückenbauwerk zwischen Augsburg und Nürnberg. Diese ist vollständig auf Pfahlrosten gegründet[20]. Direkt hinter der Bahnhofsausfahrt Reichelsdorf kreuzen sich die beiden Richtungsgleise mit einem Betonbauwerk. Dies hat zur Folge, daß bis Nürnberg Hbf die Züge links fahren. Die nach Norden weiterfahrenden Schnellzüge müssen in Nürnberg Kopf machen. Das Überwerfungsbauwerk ermöglicht es, ohne Überschneidungen des Fahrwegs die Fahrtrichtung zu wechseln.

Vorbei an Nürnberg-Eibach und Nürnberg-Sandreuth, früher den Ludwigskanal, heute den Europakanal überbrückend, erreicht die Strecke Nürnberg. Seit den 30er Jahren fädelt sie erhöht mit einem Kreuzungsbauwerk zwischen der Würzburger und Bamberger Ausfahrt ein. Vorausschauend legte die Eisenbahnbau-Kommission den Nürnberger Bahnhof direkt vor dem Frauentor, in unmittelbarer Nähe der Stadt an. Das Empfangsgebäude, im Gegensatz zu allen anderen der Ludwigs-Süd-Nordbahn im mittelalterlichen Stil gehalten, bestand aus fünf dreistöckigen Teilen. Der Mittelbau war durch Quertrakte mit den beiden Eckbauten verbunden, so daß sich ein sehr kompakt wirkendes Gebäude ergab. Der Reisende betrat das Gebäude durch die Zwischentrakte, die Diensträume befanden sich im Mittelbau, während die Wartesäle in den Eckbauten untergebracht waren. Mit dem Gebäude durch einstöckige Vorbauten verbunden, gab es eine eingleisige »Bahnsteighalle« aus Holz mit gemauerten Spitzbogen-Toren. Jedoch waren die Räumlichkeiten dem zunehmenden Verkehr bald nicht mehr gewachsen. Zunächst minderten Anbauten die Probleme, ehe zur Jahrhundertwende ein neues Gebäude entstand. Der neue, geradezu monumentale Bau des Centralbahnhofs kostete 4,1 Mio. Mark und steht noch heute in ganzer Größe dem Verkehr zur Verfügung[31].

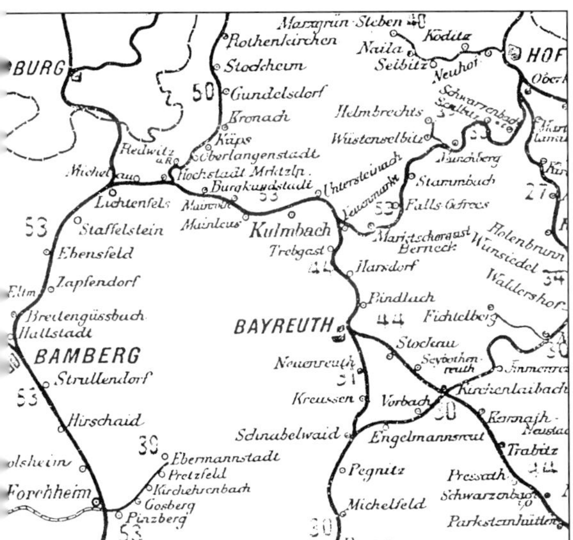

Streckenkarte zum Kursbuch von 1891; Ausschnitt aus dem nördlichen Teil

Von Nürnberg nach Hof

Von Nürnberg Hbf aus gibt es heute zwei Möglichkeiten, den Bahnhof in Richtung Bamberg zu verlassen. Zum einen die Bamberger Ausfahrt, rechts am Überführungsbauwerk vorbei, oder die Würzburger Ausfahrt auf der linken Seite. Nach einigen hundert Metern, vor dem Halt Rothenburger Straße münden beide in das Streckengleis Richtung Fürth. Ursprünglich jedoch ließ die Strecke die Stadt links liegen. Vorbei an Neusündersbühl, rechter Hand sind die Anlagen des Bh Nürnberg West zu sehen, der im Ringlokschuppen solch bekannte Maschinen wie die 01 150 beherbergt, erreichen die Züge die mittlerweile aufgelassene Station Nürnberg-Doos. Bis 1876, als die Ludwigs-Süd-Nordbahn verlegt wurde, kreuzte sie hier die Ludwigsbahn schienengleich. Bedingt durch das Privileg der Ludwigsbahn, den Schienenverkehr zwischen Nürnberg und Fürth durchzuführen, mußte die Staatsbahn auf einen Anschluß der Stadt Fürth verzichten. Seit 1848 gab es dort aber einen Staatsbahnhof. Das Gebäude, in dem Personen und Güter abgefertigt werden konnten, stand auf dem Gelände des Fürther Bahnhofs der Privatbahn und war auf Kosten der Stadt errichtet worden. Für den Transport bis zur Fürther Kreuzung, so hieß der Bahnhof Doos bis 1876, zeichnete die Ludwigsbahn verantwortlich.

Die ursprüngliche Strecke überquerte bald nach der Fürther Kreuzung die Pegnitz und gelangte über die Haltstelle Poppenreuth in den Bahnhof Eltersdorf. »Seit 1. August 1876 wird die Strecke Fürther Kreuzung–Poppenreuth–Eltersdorf nicht mehr befahren. Die Betriebsstörungen und die geringe Fahrsicherheit, welche das Kreuzen der beiden Bahnlinien zur Folge haben mußte, gab Veranlassung, die Süd-Nordbahn zwischen Fürther Kreuzung und Eltersdorf zu verlegen. Nunmehr begleitet sie von Doos ab die Nürnberg–Würzburger Bahnlinie durch die Station Fürth und über die in der Nähe befindliche Rednitzbrücke, zweigt dann in nördlicher Richtung ab, hebt sich an dem Gelände zwischen der Rednitz hinab, um diese bei Stadelhofen mittels einer 11,5 m hohen, drei Öffnungen haltenden, durch eiserne Fachwerkträger von 28 m Stützweite überdeckten Brücke zu überschreiten. Weiter abfallend geht sie durch die Station Vach, überkreuzt den Ludwigs-Donau-Main-Kanal und mündet 1 km vor der Station Eltersdorf wieder in die alte Linie ein. Im Gegensatz zur früheren Linie ist die nunmehr betriebene um 2,80 km länger. Von Eltersdorf weg bis Bamberg bot die Bahnführung keine Schwierigkeiten, da sie auf die ganze Länge mit dem Kanale dem Lauf des Regnitzflusses folgen konnte. Die Trace durchzieht den Bahnhof Erlangen, durchbohrt 1,5 km davon den Burgberg in einer Tiefe von 45 m mit einem Stollen von 269,5 m Länge, berührt die Städte Bayersdorf und Forchheim und gelangt, an Eggolsheim und Hirschaid vorbei, endlich in den Bahnhof von Bamberg, der bei St. Gangolf nordöstlich der Stadt, ca. 1 km vom Hauptplatze entfernt, erbaut wurde.«[21]

Vorbei an den Halten Vach, Großgründlach, Eltersdorf und Erlangen-Bruck, wo die 1894 eröffnete Nebenstrecke nach Herzogenaurach abzweigt, erreichen die Züge Erlangen, von 1886 bis 1964 Ausgangspunkt der Sekundärbahn nach Gräfenberg, im Volksmund »Seku« genannt. Aufgrund des Platzmangels sind die Bahnhofsanlagen weit in die Länge gezogen und in Güter und Personenbahnhof aufgeteilt. Das Empfangsgebäude bestand aus zwei Pavillons, die die Wartesäle bildeten und durch einen Mitteltrakt mit den Diensträumen verbunden war. Der Reisende löste seine Fahrkarte im Mittelbau unter einer hölzernen Veranda und ging dann zum jeweiligen Wartesaal. Nach knapp 25 Jahren baute die Staatsbahn das Gebäude grundlegend um, es erhielt ein weiteres Stockwerk[30]. Gleich nach der Ausfahrt überqueren die Züge, noch vor dem Burgbergtunnel, die Schwabach auf einer drei Öffnungen haltenden steinernen Brücke.

Aus Platzmangel war es hinter Erlangen nicht möglich, die Eisenbahn neben der Chaussee und dem Kanal um den Berg herum zu legen; so mußte man einen Tunnel bauen, der als Prestigeobjekt die bayerische Bergmannskunst demonstrieren sollte. Trotzdem dachte man zunächst nur an eine spärliche künstlerische Ausstattung. Erst im Nachhinein legte der König fest, wie die Eingänge zu gestalten waren. Diese Entscheidung führte dazu, daß die Skulpturen, auf der Erlanger Seite zwei Löwen, auf der Bubenreuther Seite zwei Sphinxfiguren, erst nach der Eröffnung aufgestellt werden konnten[31].

Vorbei an Bubenreuth und Baiersdorf, wo die ersten Zugkreuzungen stattfanden, erreicht die Strecke nach dem Halt Kersbach die Stadt Forch-

Der letzte bedeutende nordbayerische Bahnhof mit mechanischen Stellwerken ist Erlangen. 140 706 wird gleich Gleis 4 in Richtung Nürnberg durchfahren; Sommer 1993. Foto: Frank von Meissner

Auf der Südseite bewachen zwei Löwen den Burgbergtunnel in Erlangen.
Foto: Frank von Meissner

Am Einfahrvorsignal von Hirschaid zieht 141 437, eine der S-Bahn-Lokomotiven von Nürnberg, am 3. September 1991 den N 5764 vorbei.
Foto: Stephan Kuchinke

heim. Zuvor überschreitet diese auf zwei gemauerten Brücken die Truppach und die Wiesent kurz hintereinander. Das Forchheimer Gebäude bestand aus einem in etwa quadratischen, zweigeschossigen Mittelbau, der durch zwei einstöckige Seitenbauten ergänzt wurde und aus Sandstein bestand. Um die Jahrhundertwende erhielt Forchheim ein neues Empfangsgebäude[30].

Eines der letzten Bahnwärterhäuser steht im Hauptsmoorwald bei Bamberg. Das Gebäude der ehemaligen Blockstelle Wasserwerk wird bald dem viergleisigen Ausbau weichen müssen. 110 249 mit E 3559 am 16. April 1993.
Foto: Stephan Kuchinke

Während 01 103 den E 1622 in Bamberg abgibt, steht auf Gleis 1 die Ellok 118 047; 3. April 1972.
Foto: Christian Klink

In fast kerzengerader Linie erreichen die Züge über Eggolsheim, Buttenheim, Hirschaid und Strullendorf den Bahnhof Bamberg, mit 263 m ü. NN der tiefstgelegene Punkt der gesamten Strecke. Die ausgedehnten Gleisanlagen der Domstadt lassen die Bedeutung als Knotenpunkt erkennen, zweigt doch hier die Westbahn in Richtung Würzburg ab. Das dortige Empfangsgebäude konnte erst 1846 dem Betrieb übergeben werden. Zunächst mußten die Reisenden mit einem provisorischen Holzhäuschen vorlieb nehmen, das man später in Kulmbach wieder verwendete. Das ursprüngliche, etwa 57, 5 m lange, Gebäude bestand aus dem zweistöckigen Mittelbau, der durch gedeck-

Das Empfangsgebäude von Bamberg. Nach der Fertigstellung 1846 wurde es ständig erweitert – selbst dieses Bild, das um 1900 entstanden sein muß, gibt noch nicht den endgültigen Zustand wieder. Sammlung Bamberger Eisenbahnfreunde e. V.

Lange Zeit waren 132 der Deutschen Reichsbahn einmal täglich mit einem Sandzug gegen 18.00 Uhr neben dem alten Bahnbetriebswerk Bamberg unterwegs, wie hier 132 650 am 11. Juli 1991. Foto: Stephan Kuchinke

An einem sonnigen Januartag des Jahres 1991 begegnen sich 218 208 auf dem Hafengleis und 141 134 mit N 5709 aus Lichtenfels hinter dem Einfahrsignal von Bamberg. Foto: Stephan Kuchinke

Vor den IC-Zügen der Linie 8 kommen auch die einstigen Paradeloks der Baureihe 103 auf die Ludwigs-Süd-Nordbahn. IC 706 München–Berlin im Herbst 1993 zwischen Bamberg und Hallstadt.Foto: Frank von Meissner

te Bogengänge mit den beiden Wartesälen verbunden war. Der Reisende betrat einen der beiden Gänge und gelangte so zum Billetbüro, von dort mußte er sich in den jeweiligen Wartesaal begeben. Bahnbedienstete geleiteten ihn nun zur Einstiegshalle. Schon beim Betreten des Gebäudes trennten sich die Fahrgäste nach den gewünschten Fahrklassen. Nach Eröffnung der Ludwigs-Westbahn im Jahr 1856 erachtete man den Bahnhof als zu klein, so daß es 1856 zur ersten Erweiterung kam. Während man den Mittelbau beibehielt, wurden die Wartesäle aufgestockt und in der Tiefe verlängert, sowie die Bogengänge durch massive, zweigeschossige Trakte ersetzt. Zusätzlich erhielt die gesamte Vorderfront zwischen den Seitenbauten eine Veranda. Zwischen

Mit DZ 19 870 wird 01 1100 an einem kalten Februarmorgen 1992 gleich Hallstadt bei Bamberg erreichen.
Foto: Stephan Kuchinke

Am 30. Juli 1993 durchfährt 218 238 mit E 3785 auf der Reise nach Hof ohne Halt den Bahnhof Breitengüßbach.
Foto: Frank von Meissner

1899 und 1909 folgten mehrere Umbauten, die zum heutigen Erscheinungsbild führten. Nach seitlichen Anbauten und einer Erhöhung des Mitteltraktes wurde die Veranda durch einen großen Kubus ersetzt[30].

Von Bamberg weg verläuft die Strecke nun vorbei am ehemaligen Bahnbetriebswerk über Hallstadt bis Breitengüßbach, wo die Nebenstrecken nach Maroldsweisach (eröffnet 1895/96) und nach Dietersdorf (1913–1981) abzweigen. Dort

Nur kurz unterbricht 103 163 die Friedhofsruhe von Breitengüßbach mit IC 803 im September 1993. Foto: Stephan Kuchinke

Nur im Sommer 1994 kamen 1044 der ÖBB bis nach Probstzella. 1044 235 fährt mit E 3775 in Lichtenfels ein; 24. Juli 1994. Foto: Stephan Kuchinke

erreicht sie den Main, den sie bis Mainleus begleitet. Das breite Tal brachte den Bauarbeiten keine Schwierigkeiten. Die Züge erreichen vorbei an den Halten Ebing, Zapfendorf, Ebensfeld und Staffelstein den Bahnhof Lichtenfels. Kurz vor der Stadt lassen sich auf den das Tal begrenzenden

Mit D 853 verläßt 01 103 in eine Dampfwolke gehüllt am 2. April 1972 Lichtenfels in Richtung Hof.
Foto: Christian Klink

Hügeln rechterhand die Wallfahrtskirche Vierzehnheiligen und linkerhand das Kloster Banz erkennen.

In Lichtenfels zweigt die elektrifizierte Hauptbahn in Richtung Coburg ab. Das Bahnhofsgebäude bestand zunächst aus einem dreigeschossigen Hauptbau mit zwei einstöckigen Seitenflügeln. 1863 baute man ein dem Hauptgebäude äußerlich völlig identisches zweites Gebäude und verband es mit einem Mitteltrakt mit dem Altbau. Knapp 25 Jahre später kam noch eine Vorhalle hinzu[30].

Über Michelau, weiter im Maintal, erreichen die Züge den Bahnhof Hochstadt-Marktzeuln, mit Hochgeschwindigkeitsweichen der neuen Zeit angepaßt. Von den hölzernen Bahnsteigdächern ist nur noch eines nach den umfangreichen Umbauten der letzten Jahre übriggeblieben. Seit 1861 zweigt hier die Strecke Richtung Stockheim ab, heute Teil der bedeutenden Verbindung München–Berlin. Die Ludwigs-Süd-Nordbahn überquert kurz hinter dem Bahnhof den Main und führt weiter nach Burgkunstadt. Vorbei an Mainroth und Mainleus, einige kleine Bäche und zweimal den Weißen Main überbrückend, erreichen die Züge nun den Bahnhof Kulmbach, unterhalb der Plassenburg gelegen. Das Gebäude bestand zunächst aus einem dreigeschossigen Mittelbau

628 413 des Bh Hof erreicht am 24. Juli 1994 den Bahnhof Hochstadt-Marktzeuln als N 5838.
Foto: Stephan Kuchinke

Während 141 027 ihren Nahverkehrszug aus Probstzella auf der ehemaligen Pachtbahn zieht, verläuft die Ludwigs-Süd-Nordbahn bei Hochstadt-Marktzeuln nach Osten.
Foto: Frank von Meissner

Bei Münchberg ist am 19. Juli 1969 die neubekesselte 01 169 mit D 546 unterwegs.
Foto: Christian Klink

mit zwei Seitenflügeln. Innerhalb der 35 Jahre nach 1888 wurden die Seitenbauten mehrmals erweitert, um zur heutigen Form zu kommen[30].

Im bald weit ausladenden Tal der Schorgast erreicht die Strecke nun, Untersteinach berührend, den Bahnhof Neuenmarkt-Wirsberg, den Fußpunkt der »Schiefen Ebene«. Das ehemalige Bahnbetriebwerk beheimatet heute das »Deutsche Dampflokomotiv-Museum«. Das Bahnhofsgebäude bestand aus einem dreistöckigen Bau mit zwei seitlichen Anbauten, die neben Magazinen auch die Abtritte aufnahmen. Bis 1870 kamen zwei massive Anbauten und eine kleinere Vorhalle hinzu[30].

Was an Kunstbauten seit Bamberg fehlte, holten die Bahnbauer auf den folgenden 7,5 km nun

Am 30. Oktober 1972 ist 50 1362 bei Seulbitz mit einem Güterzug unterwegs.
Foto: Christian Klink

50 596 verläßt mit P 2826 am 2. August 1973 Hof. Damals gab es noch die bayerischen Signale.
Foto: Christian Klink

nach. Über die »Schiefe Ebene« erreicht die Strecke Marktschorgast. Weiter ansteigend gelangt sie an Falls und Stammbach vorbei »bei Schödlas zur Hauptwasserscheide zwischen Main und Saale, beziehungsweise Main und Elbe. Diese Wasserscheide liegt 362,8 m über dem tiefsten Bahnniveau bei Bamberg und wird von der Trace in einer Tiefe von 10 m fallend durchbrochen.«[21] Bis zum nächsten Halt, Münchberg, folgt die Bahn noch dem Pulschnitztal, um dann ins Saaltal zu gelangen. Bei Seulbitz überschreitet sie die Saale mittels einer 6,4 m hohen Brücke und gelangt auf den rechtsseitigen Hängen vorbei an Förbau, Schwarzenbach und Oberkotzau, wo sie mit der Strecke aus Marktredwitz zusammentrifft, bis nach Moschendorf.

Der dortige Viadukt von über 120 m Länge und 7,3 m Höhe überbrückt wiederum die Saale. Bei Unterkotzau erfolgt die dritte Querung der Saale, ebenfalls mit einem massiven Viadukt, der allerdings 26 m hoch ist.

Der Bahnhof Hof

Der Hofer Bahnhof war als Kopfbahnhof ausgeführt worden, weil hier die sächsische und die bayerische Eisenbahn aufeinandertrafen. Die Anlage befand sich nahe der Altstadt am Hallplatz im tiefen Felseinschnitt. Das Empfangsgebäude, das die viergleisige Einstiegshalle zur Stadt hin abschloß, bestand aus zwei Teilen: einem dreistöckigen Hauptbau, an den sich quer eine Halle mit einem dreigeschossigen Quertrakt anschloß. Neben dem gemeinsamen Billet- und Gepäcklokal teilten sich sächsische und bayerische Eisenbahner die Räumlichkeiten[30].

Schon nach dreißig Jahren wurde es zu eng. Nach Kosmas Lutz konnte der Bahnhof »als Kopfstation mit einer Geraden von nur 130 m Länge wohl als diejenige Station des ganzen bayerischen Staatsbahnnetzes bezeichnet werden, welche den Anforderungen eines übersichtlichen, sicheren Betriebsdienstes [...] am wenigsten entsprach [...]«[21]. Eine Verbesserung der Verhältnisse konnte sich am gegebenen Ort nicht erreichen lassen, so daß ein vollständiger Neubau geraten schien. Außerhalb der Stadt fand sich ein geeignetes Gelände. Neben den neuen Gebäuden mußten die Saalebrücke bei Moschendorf erhöht sowie 1,66 km bayerische und 1,35 km sächsische Strecke verlegt werden. Neben einem gemeinsamen Empfangsgebäude und einer eisernen Einsteighalle entstanden getrennte Güterhallen, Lokomotivremisen und Zollhallen. Insgesamt gab die Staatsbahn für die von 1876 bis 1878 dauernden Umbauarbeiten 7 925 220 Mark aus[20].

Als Durchgangsbahnhof entstand bis 1880 der neue Hofer Bahnhof. Ansicht von der Straßenseite.
Sammlung Stadtarchiv Hof

Bis nach Sachsen

»Jenseits des Saalthals ist die Bahn im Thal des Regnitzbaches an Feilitzsch und Föhrig vorüber bis zur Reichsgrenze geführt, ausserhalb welcher sie in kurzer Entfernung die Wasserscheide zwischen Saale und Elster überschreitet und nach Plauen sich wendet.«[48] Der Abschnitt zwischen Hof und der Landesgrenze wurde von der Bayerischen Staatsbahn gebaut und an die Sächsische Staatsbahn verpachtet. Bis 1945 reichte die Direktionsgrenze zwischen RBD Dresden und RBD Nürnberg bis an Hof heran.

6

Die »Schiefe Ebene«

Am Anfang stand das Problem

Noch heute ist eine Fahrt über die Steilrampe zwischen Neuenmarkt-Wirsberg und Marktschorgast faszinierend. Auf 7,6 km steigt die Bahnstrecke um 157,7 m, teilweise auf bis zu 32 m hohen Stützmauern verlaufend. Von den heute eingesetzten Lokomotiven der Baureihe 218 wird das Letzte abverlangt.

Am Beispiel dieser Teilstrecke soll hier geschildert werden, welche Schwierigkeiten der Bahnbau damals machte und wie die endgültige, auch heute noch brauchbare Lösung gefunden wurde. Ähnliche Probleme tauchten später im Allgäu wieder auf, führten aber nicht zu solch extremen Resultaten wie in Oberfranken.

Um von Lichtenfels aus nach Hof zu gelangen, muß die Wasserscheide zwischen Rhein und Elbe im Fichtelgebirge überwunden werden, egal welchen Weg man einschlägt. Und eben dieses Fichtelgebirge ist trotz der Tatsache, das es »nur« ein Mittelgebirge ist, ein ernstzunehmendes Problem. Von Nürnberg bis Kulmbach konnte noch nach dem »englischen System« gebaut werden und so konzentrierten sich die Untersuchungen zunächst darauf, eben dieses System auch weiterhin anzuwenden. Doch die Ergebnisse waren erschütternd. Der zuständige Sektionsingenieur E. Preu schreibt 1851, daß die ganze Bahnlinie »zwischen Kulmbach und der sächsisch-bayerischen Grenze unter Beibehaltung des englischen Systems wohl 7 bis 8 Millionen Gulden mehr gekostet«[49] hätte.

Also richteten sich die Anstrengungen auf andere Möglichkeiten. Die zunächst vorgeschlagene Pferdebahn konnte sich nicht durchsetzen. Einerseits hätte eine solche Betriebsart wohl kaum die entsprechenden Leistungen erbringen können, andererseits waren die Ersparnisse, die sich damit erzielen ließen sehr gering, denn die Anzahl der Kunstbauten hätte sich nicht verringern lassen. Die Eisenbahnbau-Commission wandte sich deshalb einer Strecke für Lokomotivbetrieb zu, die nach dem »amerikanischen System« entstehen sollte. Als Streckenführung war Kulmbach–Neuenmarkt–Marktschorgast–Falls vorgesehen. Während die Ingenieure den günstigsten Streckenverlauf erforschten, schlug die Stadt Bayreuth eine völlig andere Lösung vor. Auch um einen Eisenbahnanschluß zu erhalten, versuchten die Stadtoberen das Innenministerium davon zu überzeugen, daß einerseits das Streitmühl- und Pulsttal, durch das die Bahnstrecke führen sollte, nahezu unüberwindlich und andererseits eine Li-

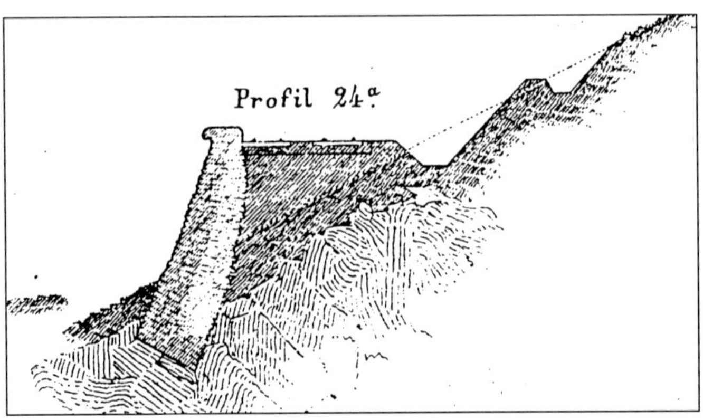

Querschnitte durch eine kleinere Stützmauer und den großen Einschnitt der »Schiefen Ebene«. Die gewaltigen Anstrengungen beim Bau lassen sich noch heute erahnen.
Aus: Preu: Die Schiefe Ebene auf der Bayrisch-Sächsischen Eisenbahn in Oberfranken

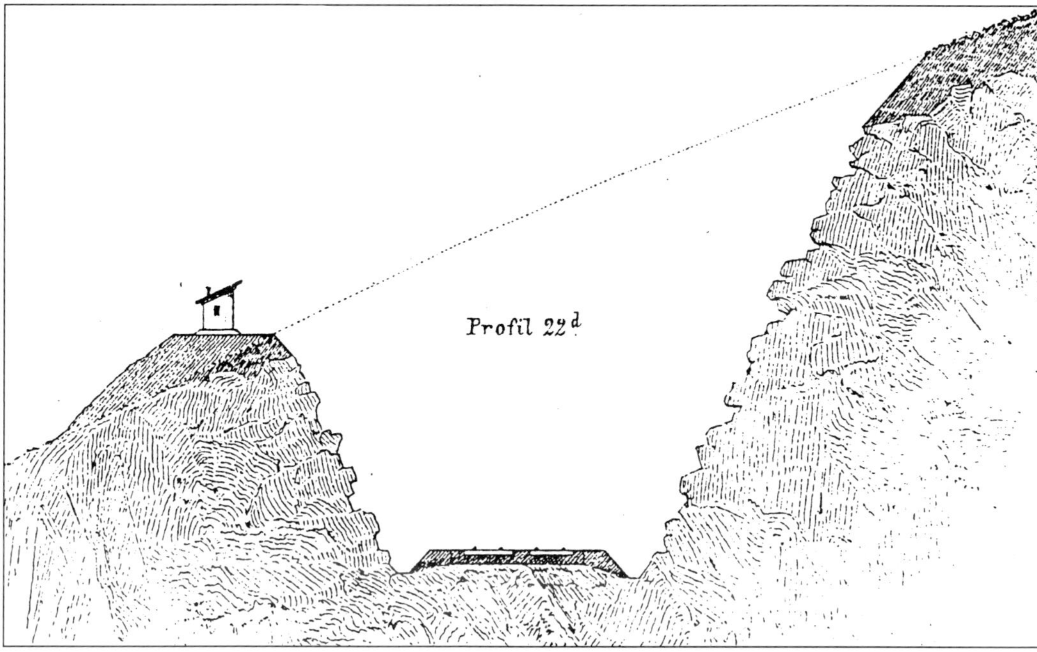

nienführung von Kulmbach über Bayreuth nach Münchberg am vorteilhaftesten sei. Die Eisenbahnbau-Commission wurde deshalb beauftragt, den Anschluß Bayreuths zu prüfen. Während der Abschnitt bis Berneck, einige Kilometer hinter Bayreuth, einfach zu trassieren gewesen wäre, machten die dort jäh ansteigenden Berge alle Hoffnungen der Bayreuther zunichte. Alle drei Varianten, die Höhen zu ersteigen, zeigten größte Schwierigkeiten. Hier seien als Beispiel die Ausführungen von E. Preu zu einer Möglichkeit herangezogen. »Von dem Oehlschnitzthale bei Berneck aus hätte der Bahnzug unter mancherlei Krümmungen unten im Thale des romantisch liegenden Dorfes Stein (am Stein) vorüber nach Gefrees und Zettlitz bis auf die Wasserscheide [...] geführt werden müssen, wobei man auf eine Länge dieser Eisenbahnstrecke von ca. 4½ Stunden [etwa 16,7 km; der Verf.] eine durchschnittliche Steigung von 1:85 bekommen hätte, eine Steigung, welche [...] bei schweren Güterzügen nur durch die kostspielige Anwendung von Hilfs-Lokomotiven überwunden worden wäre.«[49]

Die beiden anderen Varianten waren noch ungünstiger in der Trassierung. Die Untersuchungen kamen zu dem Ergebnis, daß die ursprünglich vorgesehene Führung der Strecke durch das Streitmühl- und Pulsttal wesentlich vorteilhafter ist.

»Das Streitmühlthal beginnt eine Stunde [3,71 km; der Verf.] oberhalb Neuenmarkt und eine halbe Stunde oberhalb Himmelkron. Anfangs mit einem Wiesengrund 200 bis 300 Fuß [58 bis 87 m; der Verf.] weit verengt es sich schnell, indem die beiderseitigen steilen Berge den sogenannten Streitmühlbach, auch Schwarzbach genannt, einschließen.

Etwa 6000 Fuß weiter oben theilt sich dieses Thal nach zwei Richtungen in das Grundbächelthal und in das Pulsthal [...].«[49]

Durch dieses 1851 von E. Preu beschriebene Tal mußte die Bahnstrecke verlaufen, um nach Marktschorgast zu kommen. Ursprünglich war vorgesehen, die bei der Bergfahrt rechts gelegene Talseite zu benutzen. Jedoch wären dann zwei Talübergänge erforderlich gewesen und eine praktikable Steigung kaum zustandegekommen. Man entschloß sich daher zu insgesamt drei Steigungsabschnitten. Die erste »schiefe Ebene« sollte kurz hinter Neuenmarkt beginnen und bei einer Steigung von 1:30 eine Länge von 6032 Fuß (1749 m) haben und ohne Krümmungen auskommen. Nun schloß sich eine 1745 Fuß (506 m)

Neben 01 168 besteht der E 659 aus sechs Wagen und einer Schiebelok, als er am 30. Oktober 1972 Neuenmarkt-Wirsberg verläßt. Foto: Christian Klink

lange Strecke in der Ebene an, der eine zweite Steigung folgte. Diese machte auf einer Länge von 2976 Fuß (863 m) mit einer Steigung von 1:32 einige Kunstbauten erforderlich, darunter auch einen Übergang über das Pulsttal. Am Ende dieses Abschnitts sollte ein 1200 Fuß (348 m) langer Tunnel entstehen. Am Portal begänne dann der letzte Abschnitt in der Ebene, den man 1185 Fuß lang plante. »Die dritte schiefe Ebene, welche von da beginnen sollte, war 5728 Fuß [1661 m; der Verf.] lang mit einer Neigung von 1:32 projektirt, und mit dieser wäre man auf der Höhe der sogenannten sekundären Wasserscheide zwischen Wasserknoten und Marktschorgast angekommen.«[49]

Die Bauarbeiten begannen mit der Erforschung der Gesteinsverhältnisse am Tunnel, der der Form des Burgbergtunnels bei Erlangen entsprechen sollte. Auf beiden Seiten trieb man Stollen in den Berg vor. Jedoch zeigte sich, daß die ursprüngliche Hoffnung, ohne Ausmauerung auszukommen, verfrüht war. Das Gestein war zwar sehr hart, aber auch von schrägen Spalten durchzogen, die einerseits ein Sprengen der Stollen beinahe unmöglich und andererseits zur Stabilisierung ein Stützgerüst erforderlich machten. Allein die durch eine Ausmauerung zu erwartenden Kosten, die im Fichtelgebirge noch höher waren als im übrigen Land, und die Tatsache, daß parallel durchgeführte weitere Untersuchungen gezeigt hatten, daß die Strecke auch durch das Pulsttal geführt werden konnte, ließen das Tunnelprojekt schließlich scheitern.

Die nun gefundene endgültige Streckenführung beschreibt E. Preu folgendermaßen. »Die Planie des Stationsplatzes zu Neuenmarkt, welche [...] 352,24 Meter über dem Spiegel des mittelländischen Meeres liegt, ist auf einer Länge von 1200 Fuß [348 m; der Verf.] horizontal. Von hier aus beginnt nun die schiefe Ebene erst mit einer Steigung von 1:71 auf einer Länge von 5700 bayer. Fuß [1653 m; der Verf.], mit welcher man am Fuße des stark ansteigenden Gebirges angekommen ist. Es folgen nun die Steigungen: 1:40 auf 8554 bayer. Fuß [2480 m; der Verf.] Länge; 1:40,63 auf 6095 bayer. Fuß [1767,5 m; der Verf.] Länge; 1:40 auf 3867 bayer. Fuß [1121,4 m; der Verf.] Länge oder eine durchschnittliche Steigung von 2½ Procent auf 18516 bayer. Fuß Länge, mit welcher man auf der 1480 Fuß langen Bahnstrecke auf dem Stazionsplatze bei Marktschorgast ankommt. Dieser liegt 1746,81 bayer. Fuß [506,6 m; der Verf.] über dem Meere.« [49] Der kleinste Krümmungshalbmesser beträgt 403 m.

Stützmauern und Einschnitte

Um die Strecke wie beschrieben bauen zu können, waren im Teil oberhalb der späteren Blockstelle Streitmühle bei der Ortschaft Himmelkron einige Einschnitte und Stützmauern notwendig. Noch heute zeigen sie das »gigantische Ansehen«, das E. Preu 1851 beschreibt. Insgesamt 1500 m der »schiefen Ebene« mußten mit ein- oder sogar beidseitigen Stützmauern versehen werden, um die Dammbreite am Fuß nicht ins uferlose ausarten zu lassen. Zunächst jedoch machte die Bauart und das Material Schwierigkeiten. Im August 1846 konnte das Gewölbe des Durchlasses beim heutigen km 79,3 weitgehend vollendet werden. Der weitere Aufbau der Mauern und die Verfüllung nahm bis in den Oktober des folgenden Jahres in Anspruch. Als aber zu diesem Zeitpunkt noch etwa vier Meter Höhe fehlten, stellte man plötzlich feine Risse im Gewölbe des Durchlasses fest. Sofort wurde der Bau eingestellt und die Schäden beobachtet. Das Ergebnis war, daß sich die Risse erweiterten. Nach einem halben Jahr jedoch kam der Bau zur Ruhe. Da aber noch weitere vier Meter Stützmauer einschließlich Verfüllung aufgebaut werden mußten, untermauerte man den Durchlaß mit 3 ½ Fuß (etwa 1 m) dicken Granit. Zwei weitere Durchlässe zeigten ähnliche Erscheinungen, auf die ebenso reagiert wurde. In dieser Form haben die Durchlässe bis heute gehalten.

Der nachträglich verstärkte Durchlaß No. VI beim Streckenkilometer 79,110. Deutlich ist der eiserne Kranz und die Granituntermauerung zu erkennen; 10. September 1996
Foto: Stephan Kuchinke

Die Stützmauern, die in ihrer ursprünglichen Form bis heute allen Belastungen durch den Zugverkehr standgehalten haben, legte man gleich für zweigleisigen Verkehr aus und verlegte auch zwei Gleise für den Richtungsverkehr. Konventionelle Dämme anzulegen schied aus, weil sie eine sehr große Breite erreicht und enorme Kosten verursacht hätten. Auch die Abstützung der Erdmassen gegen den Hang wäre äußerst schwierig gewesen. Also entschlossen sich die Ingenieure zu Stützmauern in konkaver Form, die eine gesamte Länge von 1841,5 m haben. Die Dammkrone wurde 32 Fuß (9,28 m) breit ausgeführt, ausreichend für zwei Gleise. Ab da kam ein Radius von 140 Fuß (40,6 m) zur Anwendung, dessen Mittelpunkt 33 Fuß (9,57 m) über der Oberkante des Dammes liegt. Etwa 19 Meter unterhalb der Gleislage geht die Stützmauer aus dem Kreisbogen in eine Tangente über, die bis zum Fußpunkt beibehalten wird. Als Baumaterial verwendete man Trockenmauerwerk aus dem Ausbruch der Einschnitte und davorgesetzt Mörtel-Mauerwerk aus Glimmerschiefer. Daß ein Teil der Glimmerschiefersteine bis zu 90 Zentimeter vorstehen, ist volle Absicht der Ingenieure – das Mauerwerk sollte eben ein »gigantisches Ansehen« erhalten. Die Dicke der Mauern nimmt von etwa zwei Metern an der Dammkrone nach unten hin ständig zu – nach knapp 29 m erreicht sie bereits 11,6 m. Insgesamt wurden 72 150 m^3 Mauerwerk verbaut. Sickerdohlen, die durch das ganze Mauerwerk gehen, entwässern den Dammkörper, der aus dem Ausbruch der Einschnitte besteht.

An Material aus Felsausbrüchen fielen nahezu 80 000 m^3 an, die mit 1100 Zentnern (zu jeweils 56 kg) Schießpulver ausgesprengt wurden. Man setzte dazu neuartige Zündschnüre der Firma Bickford & Comp. in Meißen ein, die tiefere Bohrungen und damit eine höhere Sprengleistung erlaubten. Diese Schnüre bestanden aus feinem Zündpulver, das von Kautschuk und einem geteerten Zwirngespinst umgeben ist. Selbst beim Verlegen durch einen Bach brannten sie ab[49].

Der Betrieb 1848

Zunächst dachte man daran, eine »atmosphärische Bahn« anzulegen, wie es in Großbritannien einige gab. Eine große Luftpumpe hätte aus einem Rohr, das in der Mitte des Gleises verlegt war, Luft gesaugt. Jeder Zug hätte in diese Leitung eingegriffen und eine Art Pfropfen mitgeführt. Der Unterdruck vor dem Pfropfen würde die Wagenschlange dann mitziehen. Doch die ernüchternden Mitteilungen in den Eisenbahnzeitschriften über den Betrieb mit diesem System veranlaßten die Eisenbahnbau-Commission, davon Abstand zu nehmen. Statt dessen sollte die Steilstrecke mit speziellen Lokomotiven überwunden werden.

E. Preu schreibt in der »Wiener Allgemeinen Bauzeitung« neben dem Streckenbau und den Kunstbauten auch über den Lokomotivbetrieb. »Die schiefe Ebene wird gegenwärtig in der Regel mit Lokomotiven von 20 Tonnen Gewicht befahren. Dieselben sind sechsräderig, haben 4 gekuppelte Triebräder, jedes 4½ engl. Fuß Durchmesser, 14 Zoll Cylinder-Durchmesser und 24 Zoll Kolbenhub. Bei schweren Zügen, besonders bei den Güterzügen, wird eine zweite größere Sorte, eine s. g. Schleppmaschine (Remorqueur) vorgespannt.«[49] Die erwähnten Maschinen sind die B I und die C I (siehe Kapitel 3). Mit beiden Gattungen wurden zwischen dem 12. und 31. Oktober 1848 Probefahrten durchgeführt, bei denen verschiedene Züge mit einer oder zwei Lokomotiven Züge über die Rampe fuhren. Eine B I brauchte für einen 70 t-Zug 30 Minuten von Neuenmarkt bis Marktschorgast. Eine C I war mit einem 110 t-Zug insgesamt 29 Minuten unterwegs. Beide Gattungen zusammen zogen einen 85 t-Zug in 16, einen 180 t-Zug in 37 Minuten bergwärts[49].

Dort, wo am 10. September 1996 628 413 als RB 5866 unterwegs ist, liegen die Gleise erst seit 1892. Ein grundlegender Umbau des Bahnhofes Neuenmarkt-Wirsberg machte eine Verlegung der Gleise Richtung Marktschorgast und Bayreuth nötig. Auf knapp 1,7 km erfolgte eine Neutrassierung. Neben den Gleisen sind die Schneeschutzdämme zu erkennen.
Foto: Stephan Kuchinke

Nach E. Preu wurden im regulären Dienst »mit einer vierräderigen Lokomotive [einer B I; der Verf.] und mit einer sechsräderigen Schleppmaschine bei Personenzügen höchstens 125 Tonnen Brutto-Ladung mit einer Geschwindigkeit von 2,4 deutschen Meilen [18 km/h; der Verf.] die schiefe Ebene hinauf befördert. Bei Güterzügen werden unter gleichen Bedingungen höchstens 150 Tonnen Brutto-Ladung mit 2 deutschen Meilen Geschwindigkeit von Neuenmarkt bis Marktschorgast geschafft. Bei leichteren Personenzügen ver-

Gemeinsam schleppen 01 088 und 01 211 als Vorspann den abendlichen E 1649 beim Block Streitmühle die »Schiefe Ebene« hinauf; 3. April 1973.
Foto: Christian Klink

Hinter 01 150 auf der anderen Talseite sollte die Bahnstrecke auch einmal verlaufen. Mittlerweile hat sich dort die Autobahn breit gemacht. Am letzten Tag des Jahres 1972 rollt die Hofer Lok mit D 854 talwärts.
Foto: Christian Klink

sieht in der Regel eine vierräderige Maschine [...] allein, d. h. ohne Vorspann, den Dienst.«[49]

Zum Bremsen der Züge kam bereits von Anfang an eine Seilzugbremse zur Anwendung. Diese Bremseinrichtung, die in der Funktion in etwa der später häufiger angewendeten Heberlein-Bremse entsprach, konnte vom Zugführer im Packwagen bedient werden. Die neue Bremse machte die ursprünglich geplanten »Sicherheits-Ausweichbahnen«, die zu Tale rollende Wagen auf ein totes Gleis lenken sollten, völlig unnötig. Die hervorragende Wirkungsweise konnte bereits drei Wochen nach Eröffnung der »Schiefen Ebene« bewiesen werden. Kurz vor Marktschorgast

Mit drei Wägelchen rollt 50 281 als N 2828 am 31. Oktober 1972 an der wohl markantesten Stelle der Steilrampe talwärts. Foto: Christian Klink

riß die Kupplung zwischen dem Tender und dem ersten Wagen eines Personenzuges, der daraufhin zu Tal rollte. Durch ein Anziehen der Seilzugbremse konnte der Zug aber zum Stehen gebracht und so ein Unglück vermieden werden [49].

Die entlang der Strecke postierten Bahnwärter verständigten sich zunächst mit Hilfe von farbigen Fahnen oder Laternen und Signalhörnern. Bereits nach kurzer Zeit führte man optische Telegraphen ein, während sich die Stationen untereinander mit elektromagnetischen Telegraphen in Verbindung setzten konnten[49].

An der typischsten Stelle der »Schiefen Ebene«, dem km 80,0, ist 614 004 als N 5843 am 13. September 1992 bergwärts unterwegs. Zu diesem Zeitpunkt war der Fotograf nicht allein – mindestens zwei Dutzend Gleichgesinnter warteten auf mehrere Dampfzüge, die noch folgen sollten. Foto: Frank von Meissner

Schiebebetrieb

Wie oben bereits erwähnt, fuhren die C I zunächst Vorspann, um schwere Züge über den Berg zu bringen. Auf die Dauer jedoch war diese Betriebsweise etwas hinderlich, denn irgendwann mußte die Vorspannlok auch vom Zug gehen, was frühestens in Marktschorgast der Fall war. Ein Schieben hatte in Verbindung mit der Keller'schen Kupplung den Vorteil, daß sich die Schiebelok während der Fahrt vom Zug trennen konnte. Mit Einführung der schnelleren Eilzüge, die nicht überall (und auch nicht in Marktschorgast) hielten, gewann das Schieben zusätzlich an Bedeutung.

Setzten wir uns einmal in Gedanken in einen der Schnellzüge, die die Rampe befuhren. Bereits der Bahnhof Lichtenfels meldete das Zuggewicht an Neuenmarkt-Wirsberg, ebenso weitergegeben wurde der Wunsch des Lokführers nach einer Schiebelokomotive – immerhin war die Leistung einer Lokomotive auf der Steilrampe auch vom Wetter abhängig. War nun eine Schiebelok erforderlich, rückte die vorgesehene Maschine aus dem Bw Neuenmarkt-Wirsberg aus und ging in ein Bereitschaftsgleis. Nach Ankunft des Zuges setzte sich die Schiebelok hinter den Zug. Gemäß § 59 der Fahrdienstvorschrift (hier ist die ab 28. Mai 1972 gültige zitiert) gibt der Lokführer nun ein Achtungssignal zum Zeichen, daß er zum Schieben bereit ist. Auf den Abfahrauftrag des Aufsichtsbeamten gibt nun der Lokführer der Zuglok ein Achtungssignal. Auf der Schiebelok wird die Steuerung ausgelegt und der Regler soweit geöffnet, daß die Lokomotive anfahren kann. Ein weiterer Pfiff der Schiebelok sagt dem Personal der vorderen Maschine, daß die Bergfahrt beginnen kann. Auf dem nun folgenden, noch in der Ebene liegenden, Bahnhofsareal versuchen beide Lokführer die Geschwindigkeit des Zuges so weit als zulässig zu steigern, um mit Schwung in die Steigung fahren zu können. Verläuft die Bergfahrt ohne Schwierigkeiten, sind etwa zehn bis fünfzehn Minuten bis Marktschorgast notwendig. Die Fahrdienstvorschrift läßt für nachgeschobene Züge auf Hauptbahnen 80 km/h zu, wenn die Schiebelokomotive mit der durchgehenden Druckluftbremse verbunden ist, sonst nur 60 km/h[50]. Kurz vor Marktschorgast beendet die Schiebelok ihren Einsatz. Der Lokführer gibt das Achtungssignal, bleibt stehen (bereits im Bahnhof) und beobachtet den Zug, um festzustellen, daß keine Zugtrennung eingetreten ist – die Kupplungen werden beim Beenden des Schiebens stark beansprucht. Von Marktschor-

Die führende 01 131 hat die Steigung schon hinter sich, während die Schiebelok 260 120 noch gegen den Berg arbeiten muß. Die Diesellok wird gleich in Marktschorgast zurückbleiben; E 1863 am 31. Oktober 1972.
Foto: Christian Klink

gast aus kehrt die Schiebelok, den Blicken der Reisenden schon wieder entzogen, nun auf dem Talgleis als Zugfahrt zurück.

Schiebelokomotiven

Zwischen 1848 und 1975 gab es planmäßigen Vorspann- und Schiebebetrieb auf der »Schiefen Ebene«. Die ersten zehn Jahre kamen für diese Dienste ausschließlich die fünf C I zum Einsatz. Ihr Balasttank auf dem Kesselscheitel verlieh ihnen ein höheres Reibungsgewicht, daß am Berg sehr vorteilhaft war. Als 1857 die ersten Stütztender-C II geliefert wurden, verdrängten sie gleich die C I in den Rangierdienst und übernahmen die Aufgaben an der Steilrampe. Wie aber bereits im Kapitel 3 erwähnt, bewährte sich die Stütztenderkonstruktion nicht, so daß die normale C II wenig später die anstrengenden Einsätze übernahm. Jeweils kurz nach ihrer Auslieferung übernahmen die neuesten bayerischen Güterzuglokomotiven den Schiebedienst – ab 1868 die C III, seit 1892 die C IV, eine C n2 bzw. C n2v-Maschine, nach 1919 die G 3/4. Lediglich die einzige richtige Steilrampenlok der Bayerischen Staatsbahn (nach der C I), die Gt 2 x 4/4 kam erst 1935 nach Neuenmarkt-Wirsberg. Diese achtachsigen Mallet-Maschinen wurden ab 1913 gebaut und auf den Steilstrecken über den Frankenwald und zwischen Laufach und Heigenbrücken in Unterfranken eingesetzt. Schon vorher, im Jahr 1927, übernahm eine weitere richtige Steilstreckenlok den Schiebedienst, die preußische T 16[1]. Nach Zugang der 96 (Gt 2 x 4/4) und der preußischen T 20 (BR 95) blieben für die 94[5] nur noch die leichten Züge, ehe sie 1942 dort endgültig verschwand. Die Zuteilung der beiden schweren Tenderlokomotiven wurde durch den Autobahnbau notwendig. Seit 1935 arbeitete man auch in dem Tal, das 1846 bis 1848 Schauplatz des Bahnbaus war. Die Autobahn zog sich nun am gegenüberliegenden Hang durch das Tal. Die Reichsbahn hatte vermehrt Züge mit Baumaterial zu befördern, die über die Rampe gebracht werden mußten.

Die Mallets selbst fuhren bis 1944, als der Krieg den pflegebedürftigen Maschinen den Garaus machte. Als Ersatz kamen 42er nach Neuenmarkt, die bis 1953 zum Einsatz kamen. Nach 1949 hatte eine neue Lokomotive die »Schiefe Ebene« fest im Griff. Mit Abzug der 95er nach Aschaffenburg waren die seit 1945 eingesetzten 57er allein – einmal von gelegentlichen Einsätzen

Die obligatorische Betriebsbremsung vor der Talfahrt hat 50 098 am 31. Oktober 1972 schon hinter sich, als sie Marktschorgast verläßt.
Foto: Christian Klink

der 42er und 50er abgesehen. Der Dampfschiebedienst dauerte bis 1967; die letzten drei Jahre kamen ausschließlich 50er zum Einsatz. Danach, bis zur völligen Aufgabe des Dampfbetriebes in Oberfranken – womit der Schiebedienst unnötig wurde – fuhren Dieselloks der Baureihen 211, 212, 220 und 260 diese Leistungen[51].

Der Dieselbetrieb

Anfang der 70er Jahre war die »Schiefe Ebene« das Ziel überhaupt, wollte man die Baureihe 01 im Betrieb erleben. Noch kurz vor der Abstellung mußten die Maschinen auf der Steilrampe ihre Leistungsfähigkeit unter Beweis stellen. Seit 1973 genießt die Strecke nicht mehr die Aufmerksamkeit wie vorher. Heute ziehen Regensburger 218 die von der alten Schnellzug-Herrlichkeit übriggebliebenen Eilzüge, außerdem kommen Nürnberger 614 und Hofer 628 zum Einsatz. Als 1995 ein Dammrutsch bei Wunsiedel die Umleitung von Güterzügen über Neuenmarkt-Wirsberg nötig machte, kam es wieder zum Vorspannbetrieb. Die ausschließlich talwärts fahrenden Züge bekamen eine 211 vorgespannt, um die für die »Schiefe Ebene« nötigen Bremshundertstel zu erreichen. Besonders interessant ist der Wanderweg entlang der Strecke, an dem zahlreiche Tafeln die Besonderheiten der Rampe darstellen – der Wanderer ist etwa zwei bis drei Stunden unterwegs, wenn er sich nicht der Beobachtung der schwer arbeitenden Dieselloks hingeben sollte.

7

Bis zum totalen Krieg

Ein kleiner Exkurs zur Zeitmessung

Seit 1846 gab es in allen größeren Stationen ziemlich genau gehende Uhren, sowohl auf der Bahnsteig- wie auf der Straßenseite der Empfangsgebäude. Die seinerzeit besten Uhren baute die Firma Mannhardt in München. Die in die Giebelfelder eingebauten Uhren hatten einen Durchmesser von 2,5 bis 5,5 Fuß und trugen gotische Ziffern. Dazu gehörten Glockentürme, deren zwei Glocken den Stunden- und Viertelstundenschlag verkündeten. Die Uhren der größeren Bahnhöfe waren mit geschliffenem Spiegelglas ausgestattet und bei Dunkelheit beleuchtet.

Kleinere Stationen waren mit in die Wand zwischen Expeditionszimmer und dem Vorraum eingebauten Zimmeruhren mit zwei Zifferblättern ausgerüstet. Das Publikum konnte die Ortszeit ablesen, auf der Dienstseite gab es zwei Minutenzeiger, ein blauer zeigte die Ortszeit, ein gelber die Münchener Zeit. Natürlich änderte sich die Ortszeit mit zunehmender östlicher und westlicher Entfernung von München. Die Mitteleuropäische Zeit wurde im Königreich Bayern erst am 1. April 1892 eingeführt[31].

Um die Lokführer genau kontrollieren zu können (ab 1845 waren zur Schonung des Materials die Geschwindigkeiten genau vorgegeben),

Lindau-Augsburg-Pleinfeld-Hof.

Preise der Plätze 1. Wagen-Klasse fl.	kr.	2. fl.	kr.	3. fl.	kr.	Stationen.		Eilz. 1.u.2. 76		Postzüge 1. 2. und 3. Klasse 78		86		80		82		Lokz. 2.u.3. 88		Güterzüge 2. und 3. Classe 94		102		106	
						Bern	ab	6	30	1	40														
						Zürich	ab	10	05	6	10		—	--	—	5									
						Chur	ab	8	15	5	—	—	—	—	—	—									
ab Lindau						Lindau	ab	2	—	10	50	—	—	5	—	10	15	—	—	12	25	—	—		
3	36	2	24	1	36	Kempten	ab	4	30	2	05	—	—	8	22	1	45	—	—	6	45	—	—		
6	9	4	6	2	45	Buchloe	ab	6	10	4	35	—	—	11	—	4	25	--	—	10	30	5	20		
6	36	4	24	2	57	Westererringen		—	--	4	54	—	—	11	19	4	45	—	—	11	1	5	51		
6	54	4	30	3	6	Schwabmünchen		6	32	5	8	—	—	11	34	5	—	—	—	11	21	6	11		
7	3	4	42	3	9	Großaitingen		—	—	—	—	—	—	11	45	5	10	—	—	11	34	6	26		
7	21	4	54	3	18	Bobingen		—	—	5	28	—	—	11	57	5	22	—	—	11	52	6	43		
7	30	5	—	3	21	Inningen		—	—	—	—	—	—	12	8	5	33	—	—	12	5	6	58		
7	48	5	12	3	30	Augsburg	an	7	—	5	50	—	—	12	20	5	45	—	—	12	20	7	15		
										Eilz.														3. Kl.	
ab Augsburg						Augsburg	ab	7	15	6	20	7	35	1	20	7	35	—	—	—	—	—	—	4	10
—	18	—	12	—	9	Gersthofen		—	—	—	—	7	48	1	33	7	48	—	—	—	—	—	—	4	29
—	36	—	24	--	18	Langwaid		—	—	—	—	8	1	1	46	8	1	—	—	—	—	—	—	4	48
—	54	—	36	—	24	Meitingen		—	—	6	46	8	15	1	59	8	14	—	—	—	—	—	—	5	14
1	3	—	42	—	30	Nordendorf		—	—	--	—	8	25	2	9	8	24	—	—	—	—	—	—	5	29
1	21	—	54	—	36	Mertingen		--	—	—	..	8	38	2	23	8	38	—	—	—	—	—	—	5	57
1	39	1	6	—	45	Donauwörth	an	8	5	7	10	8	50	2	35	8	50	—	—	—	—	—	—	6	15
						Donauwörth	ab	8	10	7	13	8	55	2	40	9	—	—	—	—	—	—	—	7	30
2	6	1	24	—	57	Harburg		—	—	7	27	9	18	3	3	9	23	—	—	—	—	—	—	8	5
2	33	1	42	1	9	Möttingen			—	—	—	9	35	3	20	9	40	—	—	--	—	—	—	8	31
2	51	1	54	1	18	Nördlingen	an	8	45	7	50	9	50	3	35	9	55	—	—	—	—	—	—	8	55
						Nördlingen	ab	9	—	8	—	10	5	3	45	10	10	3	5						
3	9	2	6	1	24	Dürrenzimmern		—	—	—	—	10	19	4	—	10	25	3	20						
3	27	2	18	1	33	Oettingen		9	17	8	21	10	31	4	11	10	36	3	32						
3	54	2	36	1	45	Wassertrüdingen		9	31	8	39	10	52	4	32	10	59	3	53						
4	12	2	48	1	54	Kronheim		—	—		—	11	6	4	46	11	13	4	9						
4	30	3	—	2	—	Gunzenhsn.	an	9	50	9	—	11	20	5	—	11	30	4	25					3. Kl	
						Gunzenhsn.	ab	10	—	9	5	11	35	5	30	11	40	4	45	—	—	—	—	1	10
4	48	3	42	2	9	Langlau		—	—	—	—	11	50	5	45	11	55	5	—	—	—	—	—	1	35
5	15	3	30	2	21	Pleinfeld	an	10	25	9	30	12	5	5	58	12	10	5	15	—	—	—	—	2	—
6	54	4	36	3	6	Nürnberg	an	11	35	10	42	1	30	7	40	1	50	6	40						
9	18	6	12	4	9	Bamberg	an	1	5	12	10	4	44	10	—	4	7	9	25						
14	33	9	42	6	30	Hof	an	4	34	4	—	10	42	—	—	10	5	2	50						
26	36	18	19	13	22	Dresden	an	11	40	10	5	8	35	—	—	7	25	—	—						
23	55	16	30	12	1	Leipzig	an	8	38	8	8	3	40	—	—	4	20	10	15						
31	58	22	31	16	24	Berlin	an	12	40	12	5	7	45	—	—	9	5	—	—						

Fahrplan der Ludwigs-Süd-Nordbahn, gültig ab 1. November 1873

gab man den Zugführern sehr genau gehende Uhren, sogenannte »Coursuhren« mit auf den Weg, die an der Nachtstation wieder abzugeben waren.

Donauwörth

Der erste Bahnhof in Donauwörth lag am linken Donauufer am Fuße des Schellenberges. Für diesen Ort waren vorwiegend militärische Interessen maßgebend gewesen. »Bei Ausführung der Donauthalbahn stellte sich heraus, daß dieser Bahnhof mit einer Einfahrtskurve von 189,7 m und sehr geringer Breite den Verkehrsverhältnissen nicht mehr genügen könne, jedoch eine Erweiterung nicht gestatte, da er von allen Seiten durch Berge und Privatgebäude eingeschlossen war.«[21] So schien es geraten, einen neuen Bahnhof zu bauen. Südwestlich der Stadt, ebenfalls am linken Donauufer konnte man ein passendes Gelände finden. Jedoch mußte auf einer Länge von 1140 m eine 4,5 m hohe Aufdämmung geschüttet und die Ludwigs-Süd-Nordbahn verlegt werden.

Neben neuen Betriebsgebäuden, darunter auch zwei Wechselwärterkasernen, kamen drei Bahnsteige mit eisernem Dach und eine Unterführung zu diesen zur Ausführung. Zwischen Nordheim und Wörnitzstein entstand eine neue Strecke. »Die Korrektionsstrecke zweigt von der alten Augsburg-Donauwörther Linie noch vor dem Übergange über die Donau bei Nordheim in nahezu westlicher Richtung ab, überschreitet hier die Zusam und auf einer neuen Brücke die Donau, um in den neuen Bahnhof einzumünden. Von dessen nordwestlichem Ende neben der Offingen-Ulmer Linie wieder ausgehend, durchbricht dann die neue Nördlinger Linie den Bergrücken bei Neudegg, verfolgt die Krümmungen des Wörnitzthales und schließt, die Übergänge der Wörnitz durch eine längere Korrektion derselben vermeidend, bei Wörnitzstein wieder an den alten Zug der Süd-Nordbahn an.«[21] Die neue Strecke hat eine Länge von sieben Kilometern. Neben dem 800 m langen und elf Meter tiefen Einschnitt bei Neudegg und der Verlegung der Wörnitz auf 1200 m Länge mußten drei neue Brücken gebaut werden. Die 44 m lange Brücke über die Zusam bestand aus zwei Fachwerküberbauten von je 20 m Länge und einem Blechträger von vier Metern Länge und überbrückte den Fluß auf fünf Metern Höhe. Die Donaubrücke hatte zwei Fachwerksüberbauten von jeweils 60 m Stützlänge, die das Gleis 6,5 m über dem niedrigsten Wasserstand der Donau trugen. Zu dieser Brücke gehörte noch eine Flutbrücke mit drei durch Blechträger überspannten Öffnungen von jeweils zwölf Metern[20].

Seit dem 15. September 1877 ist die neue Strecke und der Bahnhof im Betrieb. Das verlassene Bahngelände wurde durch die Staatsbahn so weit als möglich verkauft. Das Bahnhofsgebäude erwarb die Stadt Donauwörth und verwendete es als Schule. Es wurde im Zweiten Weltkrieg zerstört[29].

Der Umbau in Nürnberg

Der Bahnhof in Nürnberg war 1844 lediglich auf die Erfordernisse der Ludwigs-Süd-Nordbahn abgestimmt worden. Dies führte im Laufe der Jahre zu manchen Platzproblemen, obwohl zunächst einige Spötter die Anlagen als übertrieben groß bezeichneten. Schon als die Ostbahn ebenfalls in Nürnberg endete, mußte man die Gebäude erweitern, doch um 1865, nach Eröffnung der Strecke nach Würzburg, kam es zu ernsten Schwierigkeiten. »Der Betrieb litt hauptsächlich durch die Störungen, welche das öffentliche Verkehrsleben an den vorhandenen Überfahrten verursachte und da derselbe an der Stelle des Heberdurchlasses für den Fischbach auf wenig Spuren beschränkt war, mußte er sich in ebenso gefährlicher als knapper Weise hin und her wogen.«[21] Auch der Mangel an Gleisen und Ladehallen machte sich bemerkbar. Im Winter 1865 mußten 18 Lokomotiven des nachts im Freien stehen, weil es nicht genug Schuppenstände gab.

»Um die zahlreichen und belangvollen Gebrechen im Nürnberger Staatsbahnhof zu beseitigen, kamen namentlich drei Projekte in Betracht. Das eine, welches die Umwandlung des bestehenden Kohlenhofes zum Güterbahnhof

Das neue Empfangsgebäude des Nürnberger Centralbahnhofs im Juli 1906 kurz nach der Eröffnung.
Sammlung Bamberger Eisenbahnfreunde e. V.

bezweckte, wurde Kohlenhofprojekt genannt; nach dem zweiten, dem Kanalhafenprojekte, sollte in der Nähe des Kanalhafens ein neuer Güterbahnhof erbaut werden; das dritte von der Gemeindevertretung und dem Fabrik- und Handelsrat der Stadt Nürnberg angeregt, nahm die Verlegung des Güterbahnhofes in die Nähe des Dürenhofes in Aussicht [...]«[21]. Als vorteilhaft erwies sich das Kohlenhofprojekt. Zwischen 1865 und 1872 kamen zahlreiche Bauten zur Ausführung. Es entstanden unter anderem: ein neues Wasserhaus mit Dampfpumpwerk, 23 530 m neue Gleise auf einem Damm von bis zu drei Metern Höhe, eine Unterführung für den Talhofener Weg, ein neuer Kohlenlagerplatz und eine 412 m lange Ladehalle. Zusätzlich errichtete die Staatsbahn auch eine neue Zentralwerkstätte für die nördlich der Donau eingesetzten Fahrzeuge [20].

Kosmas Lutz berichtet auch von einem Unternehmen in Nürnberg: »Im September 1874 wurde auch á conto einer Aktienunternehmung, welche sowohl vom Staate als der Stadt Nürnberg unterstützt wurde, die Ausführung des Steinbühler Tunnels für Fußgänger und leichtes Fuhrwerk in Angriff genommen und trotz der nicht gewöhnlichen Schwierigkeiten am 26. September 1876 der Gesellschaft übergeben. [...] Besagter Tunnel stellte die durch Erbauung der Ladehalle kassierte Verbindung von Steinbühl mit Gostenhof und dem Spittlerthore wiederum her; derselbe durfte aber vom Publikum nur gegen Erlegung eines Wegzolles passiert werden. Die geringe Rente von 1¼ bis 1½ %, welche das Aktienunternehmen abwarf, veranlaßte die Aktionäre schon nach Umfluß des ersten Betriebsjahres sich an die kgl. Regierung mit der Bitte zu wenden: ‚daß das Unternehmen in das Eigentum des Staates unter Einlösung der Aktien mit 80% des Nominalwertes übernommen werden möchte'. Die gepflogenen Verhandlungen gelangten im Jahre 1882 zum Abschlusse und durch das Gesetz vom 26. März des gleichen Jahres wurde das Steinbühler Tunnelaktienunternehmen auf das Staatseisenbahnärar übernommen.«[21]

Durch den Neubau eines Gefällerangierbahnhofes im Lorenzer Reichswald von 1898 bis 1903 erfuhren die Nürnberger Bahnanlagen eine weitere Änderung. Durch Güterumgehungsstrecken werden Güterzüge heute vom Hauptbahnhof ferngehalten.

Verwaltungen

Die Bayerische Staatsbahn verwaltete ihr Streckennetz durch zahlreiche Bahnämter, solche hatten ihren Sitz zum Beispiel in Bamberg und Nürnberg. Gegen 1875 kam es zur Gründung von Oberbahnämtern, da das Post- vom Eisenbahnwesen getrennt wurde. Aus diesen Ämtern gingen schließlich 1901 kleinere Betriebsdirektionen hervor, ehe 1907 die Eisenbahndirektionen entstanden.

Für die Ludwigs-Süd-Nordbahn zeichneten drei Direktionen verantwortlich. Von Hof bis einschließlich Pleinfeld fiel die Strecke in den Zuständigkeitsbereich der Kgl. Eisenbahndirektion Nürnberg. Kurz hinter Pleinfeld begann die Zuständigkeit der Kgl. Eisenbahndirektion Würzburg, die bis Hoppingen reichte. Der komplette südliche Abschnitt bis Lindau gehörte nun zur Kgl. Eisenbahndirektion Augsburg.

Doppelbahnen

Die gesamte Ludwigs-Süd-Nordbahn war von Anfang an für einen zweigleisigen Ausbau vorbereitet worden. Man rechnete damit, die Erweiterungen schon sehr bald durchzuführen. Die ganze Strecke war noch nicht einmal fertig, als das Kgl. Ministerium des Handels und der öffentlichen Arbeiten den bayerischen Abgeordneten eine Schrift unter dem Titel »Darstellung des bayerischen Eisenbahnwesens« vorlegte, in der für den zweigleisigen Ausbau plädiert wurde. »Die Herstellung eines zweiten Gleises auf der Süd-Nordbahn läßt sich, was die Strecke von Augsburg nach Bamberg betrifft, voraussichtlich nicht lange mehr entbehren.«[52] Der Landtag sprach sich jedoch am 25. Juli 1850 gegen einen Ausbau aus, womit zumindest für die Ludwigs-Süd-Nordbahn die Sache für die nächsten zehn Jahre erledigt war.

Erst in den Jahren 1861 und 1863 machte die Regierung wieder einen Vorstoß. Sie beantragte beim Landtag die Mittel zum Ausbau des Abschnittes Untersteinach–Hof, wobei die »Schiefe Ebene« bereits seit der Eröffnung zweigleisig befahrbar war, und den Ausbau der gesamten Westbahn. Die Kammer strich jedoch die erwartete Summe von drei Mio. auf 705 000 Gulden zusammen, so daß nur noch Oberkotzau–Hof (Inbetriebnahme 1862) und zwei Teilstrecken der Westbahn übrig blieben. Ebenfalls 1862 nahm man das zweite Gleis zwischen Nürnberg und Fürther Kreuzung in Betrieb, das im Zuge des Streckenbaues Nürnberg–Würzburg entstand. Die Abgeordneten taten sich schwer, den Vorschlägen der Regierung zu folgen. Dies spiegelt deutlich die Rede des Abgeordneten Kolb in der Debatte vom 7. September 1863 wieder. Er vertat die Ansicht, daß die Betriebssicherheit durch das zweite Gleis stark leiden und es sich im volkswirtschaftlichen Interesse gar nicht lohnen würde, da es bald zum Bau von Konkurrenzbahnen kommen würde, in die besser investiert werden sollte. Diese Konkurrenzbahnen würden dann auch anderen Landstrichen die Vorzüge der Eisenbahn nahebringen[53]. Schließlich dauerte es bis 1872, ehe alle Vorhaben der Regierung, zumindest in fünf Teilen, durchgesetzt werden konnten.

Stückchenweise setzte sich nun der Ausbau fort. Nachdem 1869 und 1872 in zwei Teilen das zweite Gleis zwischen Untersteinach und Hof eröffnet wurde, folgte 1878 nur noch Lindau–Oberreitnau. Die Verlegung des zweiten Gleises von Lichtenfels nach Hochstadt im Zusammenhang mit dem Ausbau der Pachtbahn Hochstadt–Stockheim zu einer der wichtigsten Nord-Süd-Strecken Bayerns war zehn Jahre später noch ein kleines Zwischenspiel, ehe es richtig ernst wurde. Mit dem Gesetz vom 8. Dezember 1889 genehmigte der Landtag den Ausbau von 468 km Strecke auf zwei Gleise. Bis 1906 folgten nun acht weitere Gesetze. Für die Ludwigs-Süd-Nordbahn bedeutete dies den fast vollständigen Ausbau, lediglich zwischen Donauwörth und Pleinfeld sollte alles beim Alten bleiben. Hier hatte die kürzere Strecke über Treuchtlingen den Verkehr an sich gezogen. Zwischen dem 15. November 1891 (Nürnberg–Lichtenfels) und dem 1. Mai 1908 (Umgehungsbahn Kempten) wurde in 18 Teilstücken das zweite Gleis in Betrieb genommen. Besondere Bedeutung bekam das Projekt noch durch die Erhöhung der Schnellzuggeschwindigkeit im Jahr 1897 auf 75 km/h. Die Durchlaßfähigkeit der eingleisigen Strecken nahm dadurch rapide ab.

Eisenbahn und Krieg

Nachdem die bayerische Staatsbahn 1846 zum ersten Mal im Rahmen einer Übung in den Kontakt mit dem Militär gekommen war – auf der Strecke München–Augsburg wurden mehrere Einheiten transportiert – kam es im Frühjahr 1859 zu den ersten größeren Transporten von Truppen in Kriegszeiten. Über Hof, Augsburg, München und Kufstein brachte die Staatsbahn österreichische Truppen aus Böhmen in Richtung Italien, wo sie allerdings gegen die piemontisch-französische Armee eine Niederlage erlitten. Insgesamt kamen zwischem dem 23. Mai und dem 9. Juni 52 200 Mann, 80 Geschütze und 11 500 Pferde zur Beförderung. Später wurden noch mehr Soldaten und Ausrüstungen transportiert. Nachdem Bayern 1866 an der Seite Österreichs gegen Preußen kämpfte, kamen auch bei der ersten kriegerischen Auseinandersetzung, in die die bayerische Eisenbahn direkt verwickelt war, hauptsächlich beim Rückzug, große Truppenverschiebungen mit der Eisenbahn zustande. Bemerkenswert dabei ist, daß alle Transporte neben dem Zivilverkehr abgewickelt wurden, der nicht beeinflußt wurde. Erst der deutsch-französische Krieg 1870/71 beeinträchtigte den Bahnverkehr stark. Lieferfristen für Eilgut konnten nicht mehr zugesagt werden. Bayern setzte damals auch die ersten Lazarettzüge ein[38].

Ganz anderen Einfluß hatte aber der Erste Weltkrieg auf die bayerischen Eisenbahnen. Während des Aufmarsches gab es zwischen dem 4. und 6. August 1914 keinen Zivilverkehr. Die Ludwigs-Süd-Nordbahn wurde nur im Norden mit Militärtransporten belegt. Das VI. Korps kam aus Neisse und Kandrzin (in Oberschlesien) über Hof und Bamberg nach Westen, das VI. Reservekorps über Hof und Neuenmarkt, das V. Korps über Hochstadt-Marktzeuln und Bamberg. Während 24 Stunden gab es bei den Aufmarschtransporten jeweils eine vierstündige Pause, die zum Ausgleich von Unregelmäßigkeiten genutzt werden sollte[55].

Die Bekohlungsanlage des Bw Hof Ende der zwanziger Jahre Sammlung Frank Schneider

Die Betriebsführung in den besetzten Gebieten machte es notwendig, daß Bayern Lokomotiven an die Militäreisenbahnen abgeben mußte. Die fehlenden Maschinen konnte man ab 1917 notdürftig mit aus der Schweiz angemieteten ersetzen. An Militärtransporten fielen, um nur ein Beispiel zu nennen, im Januar 1916 täglich 215 Züge an, die Nachschub an die Fronten brachten[55].

Die Reichsbahn

Mit dem Übergang der deutschen Staatsbahnen auf das Reich am 1. April 1920 änderte sich die Organisationsstruktur zunächst kaum. Die zum 1. Februar 1924 gegründeten Reichsbahndirektionen saßen dort, wo sich auch schon die Königl. Eisenbahndirektionen befanden. Erst im Zuge der Verwaltungsreform kam es zu Änderungen. Zum 1. April 1930 kam die gesamte RBD Würzburg zur RBD Nürnberg. Im Gegenzug gab aber Nürnberg einige Zuständigkeiten nach Regensburg und Augsburg ab. Während Hof nun zur RBD Regensburg gehörte, endete der Nürnberger Bereich hinter Gunzenhausen. Der gesamte südliche Abschnitt wurde weiterhin durch die RBD Augsburg verwaltet.

Elektrisierungen

Nachdem die elektrische Lokomotive schon vor dem Ersten Weltkrieg ihre Betriebstauglichkeit bewiesen hatte, strebte die Reichsbahn einen weiteren Ausbau des elektrischen Netzes an. Zunächst lagen die Prioritäten in Schlesien und im Raum Halle/Leipzig. Gegen Mitte der 20er Jahre aber konzentrierte man sich auf den Süden Bayerns. Schon früh wurde über eine Verbindung

Ein Blick auf die Hofer Gleisanlagen im Jahr 1931
Sammlung Stadtarchiv Hof

Zwei S 3/6 ziehen einen Olympia-Sonderzug zwischen Lamerdingen und Dilleshausen; 1936.
Foto: Ernst Erhart; Sammlung R. Breubeck

Mit der 1929 gerade abgelieferten Turbinenlok T 18 1002 unternahm das Reichsbahnzentralamt auf der Strecke Augsburg–Lindau Probefahrten, hier bei einem Halt in Beckstetten. Die Lok war bis 1943, als sie durch Kriegseinwirkungen beschädigt wurde, im Einsatz.
Foto: Friedrich Witte; Sammlung Gottwaldt

der Netze in Schlesien, Mitteldeutschland und Süddeutschland nachgedacht, doch die finanzielle Lage des Unternehmens DRG ließ solch hohe Investitionen nicht zu. Von der veränderten politischen Lage in Deutschland ab 1933 profitierten diese alten Vorhaben. Am 17. Juli erteilte der Generaldirektor der DRG, Dr.-Ing. Julius Dorpmüller, den Auftrag, die Wirtschaftlichkeit der Elektrisierung – so nannte man es damals – einer Verbindung München–Berlin zu prüfen. Da bereits an

Als am 5. Mai 1939 der FDt am Kloster Banz bei Lichtenfels »vorbeiflog«, war die Fahrleitung zwischen Nürnberg und Hochstadt-Marktzeuln (und weiter bis Saalfeld) bereits in Betrieb. Von 1936 bis zum Kriegsende fuhren die Schnelltriebwagen über die Gleise der Ludwigs-Süd-Nordbahn. Sammlung VMN

Am 20. Februar 1940 waren die Planungen, die die E 19 als neue Schnellzuglok hervorgebracht hatten, schon Makulatur – es herrschte Krieg. Hinter einer Weichenräumkolonne verläßt E 19 02 Nürnberg Hbf mit einem Personenzug. Sammlung VMN

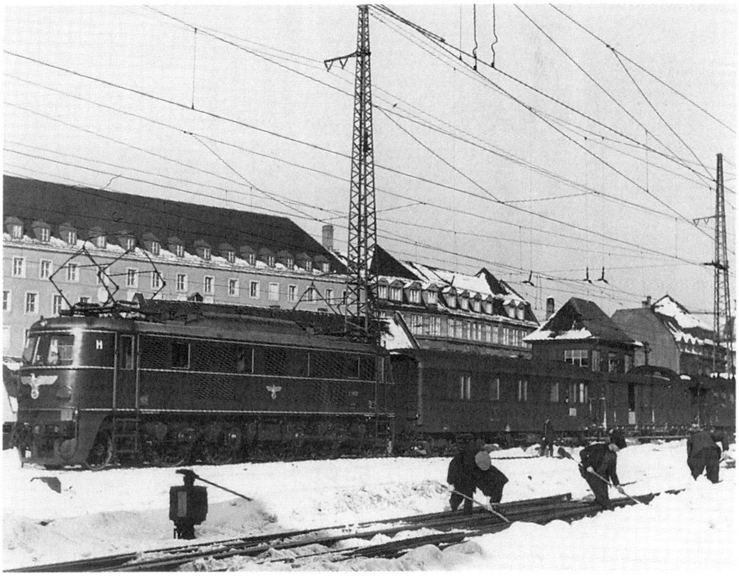

der Strecke Augsburg–Nürnberg (über Treuchtlingen) gearbeitet wurde, entschloß sich die DRG dazu, den elektrischen Betrieb von Nürnberg über Bamberg und Lichtenfels und weiter über Leipzig nach Berlin auszudehnen. Als Alternative stand auch die Verbindung über Regensburg und Hof zur Debatte.

Am 5. April 1935 verkehrten die ersten von Elloks gezogenen Züge zwischen Augsburg und Nürnberg. Noch im September kam es dann zum Auftrag für die weitere Elektrisierung, dem schon bald die ersten Bauarbeiten folgten[56].

Unter dem Titel »Die längste Ellok-Fernschnellstrecke der Welt« berichtete die Nürnberger Zeitung am 6. Juli 1938 über das Projekt. Neben der Installation der Fahrleitung mußten zahlreiche Bahnhöfe dem neuen Betriebskonzept angepaßt werden. Als erstes verschwanden die Telegraphenleitungen in Kabelkanälen. In der Bahnhofsausfahrt von Nürnberg senkte man die Gleise der Würzburger Ausfahrt ab, um genug Platz für die Fahrleitung unter dem Überführungsbauwerk zu bekommen. Im Bahnhof Doos wurde die Strecke begradigt, Fürth erhielt eine Bahnsteigunterführung. Daneben mußten auch so manche Bahnhofsgebäude neuerer Architektur weichen. »Die umgebauten oder vollkommen neu erstellten Hochbauten [...] sind alle betont heimatverbundener Architektur. Naturstein, Verputz, Holzgebälk, Beleuchtung, Beschriftung, Eindeckung und schlichter, künstlerischer Schmuck – wie z. B. die reizende Uhr am Bahnhof Hirschaid – wurden in ausgezeichneter Weise als landschaftsverbundenes Material eingesetzt.«[57]

Am 15. Mai 1939 schließlich zog E 19 01 den Eröffnungszug für die Elektrisierung von Nürnberg über Bamberg und Lichtenfels nach Saalfeld. Selbst im Krieg gingen die bereits begonnenen Arbeiten bis Leipzig weiter. Die restliche Strecke konnte am 2. November 1942 in Betrieb genommen werden. Allerdings sollte der elektrische Betrieb nicht lange anhalten. 1946 wurden auf Weisung der sowjetischen Militäradministration alle elektrischen Anlagen nördlich der Zonengrenze bei Probstzella abgebaut. Erst 1995 schloß man die fahrleitungslose Lücke zwischen Probstzella und Camburg wieder[31].

Nun waren die Abschnitte Augsburg–Donauwörth und Pleinfeld–Hochstadt-Marktzeuln der Ludwigs-Süd-Nordbahn elektrisch befahrbar.

Bomben auf Bamberg

Der am 01. September 1939 ausgebrochene Zweite Weltkrieg beeinflußte die Ludwigs-Süd-Nordbahn zunächst nur durch zunehmenden Güterverkehr. Nach Beginn der offensiven Kampfhandlungen gegen Großbritannien und der Kriegserklärung an die USA im Dezember 1941 tauchten auch Bomber über dem Reichsgebiet auf. Großstädte wurden angegriffen und dabei auch Bahnhöfe zerstört. Eine Darstellung aller Angriffe auf Bahnhöfe der Strecke Lindau–Hof würde den Rahmen sprengen, so daß wir uns auf den Bahnhof Bamberg, und hier besonders auf den ersten Angriff, beschränken wollen.

Das Deutsche Reich hatte vor dem Krieg ein Wirtschaftssystem aufgebaut, dessen Verkehrsadern die Reichsbahn war. Von den Zechen in Schlesien, des Saargebietes und des Ruhrgebietes wurde die Kohle zur den Produktionsstätten transportiert. Eine Störung dieses Transportes mußte zwangsläufig die Industrie lahmlegen. Trotz dieser in Deutschland bekannten Verwundbarkeit unternahmen die Alliierten, einmal abgesehen von den nächtlichen Flächenangriffen der Royal Air Force, keine Anstrengungen, dies auszunutzen. Erst Anfang 1945 standen auch Bahnanlagen auf Angriffsplänen der US Army Air Force.

Im Februar 1945 wurde Bamberg in die Ereignisse um Dresden hineingezogen. Nach zwei britischen Angriffen in der Nacht auf den 14. Februar sollte ein amerikanischer »Präzisions-Angriff« bei Tage folgen. Für die 3. Luftdivision der USAAF war der Rangierbahnhof von Chemnitz als Ziel vorgesehen, sie sollte für Bamberg von Bedeutung sein. Insgesamt starteten 1327 Bomber in Südwestengland, 784 Jäger waren als Begleitschutz unterwegs. Dieser Verband überflog zwischen 9.48 und 10.44 Uhr die englische Küste. Schon bald kam er in eine nicht erwartete Wolkenfront, die den Einsatz stark behinderte. Die 94. Bombergruppe, in Bury St. Edmunds mit Ziel Chemnitz gestartet, kam bereits sehr früh vom Kurs ab. Sie bestand aus 33 B 17-Bombern, jeder mit zehn Mann Besatzung. Trotz mehrmaligen Kurswechsels gelang es der Gruppe nicht, das eigentliche Ziel zu finden. Der Kommandeur entschloß sich daraufhin, ein Ausweichziel anzugreifen. Vorgesehen waren alle militärischen Einrichtungen, was sich auch auf Bahnhöfe bezog[58].

In Bamberg wurde wahrscheinlich um 10.30 Uhr Fliegeralarm gegeben. Daraufhin überflog eine Gruppe Bomber, die auf der Suche nach Dresden war, die Stadt. Gegen Mittag wurden wiederum Bomber gesichtet, die aber nun bereits nach einem Angriff auf Heimatkurs waren. Nach

Im Januar 1941 legte starker Schneefall den Verkehr bei Stammbach lahm. Am 13. Januar wird die Schneefräse im Bahnhof Stammbach von Soldaten der Wehrmacht unterstützt. Sammlung Hanns Eckert

Mistele (58) hatte die Gruppe Prag angegriffen, war aber der Überzeugung, Dresden bombardiert zu haben. Der dritte Überflug an diesem Tag sollte aber nicht mehr so harmlos sein, wie es viele Bamberger kurz nach 13.00 Uhr erwarteten.

Etwa bei Münchberg begann der Anflug der 33 Bomber. Der Kommandant des Führungsflugzeuges schaltet dabei den Autopiloten ein, der die Maschine auf Kurs hält, während der Bombenschütze mit einem optischen Gerät den Boden beobachtet, bis das Ziel im Fadenkreuz zu sehen ist. Er löst die Bomben aus, die anderen Bombenschützen folgen seinem Vorbild. Um 13.20 Uhr fielen 210 Sprengbomben (je 500 engl. Pfund) und 1300 Brandbomben auf die Stadt[58].

Von den drei Bombenteppichen fiel einer in unbebautes Gebiet östlich des Bahnhofs, der das Ziel war, einer traf bebautes Gebiet ebenfalls östlich des Bahnhofs und der dritte ging bei der Güterabfertigung nieder. An diesem Tag fanden 94 Menschen den Tod, meist Schüler, die vor dem Bahnhof auf den Bus warteten.

Die Bomber gingen noch über dem Zielgebiet auf Heimatkurs und erreichten zwischen 16.39 und 17.13 Uhr unbehelligt die englische Küste [58].

Die Bamberger Zeitung brachte am folgenden Tag nichts über den Angriff. Der Wehrmachtsbericht, in den Zeitungen abgedruckt und im Radio verlesen, erwähnte eigentlich nur Dresden und Chemnitz: »Mitteldeutschland mit dem sächsischen Raum [...] und Südostdeutschland waren bei Tag und Nacht das Angriffsziel angloamerikanischer Terrorbomber. [...] Umfangreiche Schäden [...] entstanden [...] erneut in Dresden [...]. Luftverteidigungskräfte der Luftwaffe und Marine schossen 59 feindliche Flugzeuge [...] ab.«[59]

Am 22. Februar 1945 sollte das Unternehmen »Clarion« (dt.: Trompete) das deutsche Verkehrssystem endgültig zum Stillstand bringen. Angriffe auf große wie kleine Bahnhöfe, Häfen, Kanäle, ja sogar einzelne Schiffe waren geplant. Um es vorwegzunehmen, der Tag endete im totalen Chaos, aber für die Bomber. Alle flugfähigen Einheiten der britischen und amerikanischen Luftwaffe nahmen am Einsatz teil. Entgegen den Wettervorhersagen trafen die Piloten wiederum auf dichte Bewölkung über dem Kontinent, die großen Bomberverbände lösten sich wieder auf und einzelne Grüppchen strebten teilweise über den Wolken, teilweise im Blindflug in den Wolken den Zielen zu. Die 390. Bombergruppe mit den Staffeln A und B, auf Bamberg angesetzt, griff Schwenningen und Villingen an. Lediglich die Staffeln A und B der 95. Bombergruppe, in Horham um 7.06 Uhr gestartet, fanden ihr Ziel – Bamberg. Um 12.31 Uhr fielen 348 Sprengbomben auf den nur durch das Bodensichtradar H2X erkennbaren Bahnhof. 20 Minuten später bombardierten nochmals 25 Bomber vom Typ B 17 mit je zwölf Sprengbomben die Stadt. Eigentliches Ziel der 493. Gruppe war der Verschiebebahnhof Gera. Weitere 15 Minuten später griff die Staffel A (elf Bomber) der 385. Bombergruppe, Ziel Zwickau, durch die Wolkendecke den Bahnhof an[58].

Insgesamt fielen 588 Sprengbomben auf die Stadt. Statt des Bahnhofs wurde aber die Innenstadt getroffen. Die Angreifer konnten die Wirkung ihrer Bomben wegen der geschlossenen Wolkendecke nicht beobachten. Am Kaulberg, in der Nähe des Bamberger Doms, wurde ein Keller durchschlagen, was vielen, die dort Schutz gesucht hatten, das Leben kostete. Bei allen drei Angriffen fanden 216 Menschen den Tod. Einziger Erfolg im Sinne der Zielsetzung des Unternehmens »Clarion« waren Treffer auf die Bahnstrecke zwischen Bamberg und Hallstadt, die den Verkehr wohl kurzzeitig unterbinden konnten[58].

Abschließend sollen noch zwei Dinge erwähnt werden. Die Staffel C der 95. Bombergruppe, Ziel Kitzingen, griff Singen am Hohentwiel an. Ein Bomber verirrte sich jedoch völlig und lud seine zwölf Bomben über Stein am Rhein in der Schweiz ab. Dabei kamen neun Personen ums Leben[58]. Der Wehrmachtbericht vom nächsten Tag erwähnt »Terrorflieger«, die »Bomben auf zahlreiche Orte« warfen. In der Bamberger Zeitung findet sich außer dieser Aussage wiederum nichts.

8

Von der »Stunde Null« zur Bahnreform

In Trümmern

Am 9. Mai 1945 schwiegen zum ersten Mal seit beinahe sechs Jahren in Mitteleuropa die Waffen. Für die Reichsbahn war der Krieg vorbei. Sie hatte unter einem unmenschlichen Regime Leistungen vollbracht, die ihre Kapazitäten überschritten. Am Ende des Krieges hieß es nicht mehr »Armee gegen Armee«, sondern »Bomber gegen Schraubenschlüssel«. Den Sieg errangen die Bomber. Die Strecken und Bahnhöfe lagen in Schutt und Asche, aber es mußte weitergehen. Jetzt rollten die Räder nicht mehr »für den Sieg«, sondern wieder für die Menschen. Neben zerstörten Bahnhöfen waren die beim Rückzug gesprengten Brücken das Hauptproblem. Schon bald fuhr man zwischen Bamberg und Nürnberg wieder, allerdings nur Transporte für die Alliierten von Rüdesheim über Aschaffenburg bis Nürnberg. Dienst taten Soldaten der alliierten Eisenbahntruppen, die Züge verkehrten auf Sicht.

Großen Einfluß auf das zukünftige Verkehrsgeschehen in Deutschland sollte aber die Einteilung in Besatzungszonen haben. Während die gesamte Ludwigs-Süd-Nordbahn in die amerikanische Zone fiel, gehörte das deutsche Bodenseeufer einschließlich Lindau zur französischen,

Das ursprüngliche Einsatzgebiet der vier E 19 war kurz nach dem Krieg stark geschrumpft; E 19 02 im Jahr 1948 in Lichtenfels. Sammlung Hanns Eckert

was zunächst dazu führte, daß Lindau völlig isoliert vom restlichen Bayern war. Der Fahrplan vom 15. Oktober 1945 weist keine Verbindung zwischen Kempten und Lindau auf. Erst ein Jahr später gab es dann zwei zaghafte Züge zwischen München und der Inselstadt.

Mit der Zonengrenze zwischen Thüringen und Sachsen einerseits und Bayern andererseits wurde neben der bedeutenden Fernverkehrsstrecke München–Berlin bei Probstzella auch die alte Verbindung zwischen Bayern und Sachsen nördlich von Hof durchschnitten. Zwischen Hof und Plauen gab es bis Ende 1945 keinen durchgehenden Verkehr mehr. Erst am 20. Dezember 1945 traf der erste mit Braunkohle beladene Güterzug in Hof ein. Im Gegenzug mußte ein Leerzug in gleicher Stärke nach Norden rollen. Die Übergabe fand mehr als 22 km jenseits der Grenze in Mehltheuer statt. Reisende konnten ab 1947 ab Feilitzsch bis Gutenfürst einen Postzug benutzen. Nach zwei Unterbrechungen Mitte 1948 und zwischen 1952 und 1954 kam es dann zu einem offiziellen Interzonenverkehr mit Schnellzügen, darunter auch zeitweise einer Verbindung München–Sassnitz. Doch erst 1990 verschwand die Grenze endgültig[60].

Am 8. September 1948 ist der Turmtriebwagen der Fahrleitungsmeisterei Bamberg in Lichtenfels beschäftigt. Der Wagen trägt noch die Anschrift »Allied Forces« (Alliierte Streitkräfte). Sammlung Bamberger Eisenbahnfreunde e. V.

Nadelöhr Kempten

Als 1852 der Kemptener Bahnhof eröffnet wurde, dachte wohl niemand daran, daß der Kopfbahnhof einmal zu einem großen Problem werden sollte. Nach der ersten Erweiterung im Jahre 1869 kam es jedoch knapp 15 Jahre später zu ersten ernsten Schwierigkeiten. »Die Zahl der gleichzeitig vor dem Perron stehenden Personenzüge beträgt mittags und abends je vier. Nur jene Passagiere, welche auf der Route München–Kempten fahren, können in einer nicht di-

Die beiden Illerbrücken von Kempten. Auf der Umgehungsbahn ist eine 39 mit dem D 253 Genf–München unterwegs; um 1953.
Foto: Gottfried Turnwald

Lange Zeit war der kleine Ort Hegge der Kemptener Schnellzughalt. Im Dezember 1962 verläßt eine namenlose 39 mit ihrem Zug den Kempten-Hegge genannten Bahnhof.
Foto: Gottfried Turnwald

rekt gefährlichen Weise einsteigen, da ihr Zug auf dem ersten Gleis bereitgestellt ist. Die übrigen Züge stehen staffelförmig auf den folgenden Geleisen, und es müssen die Ein- und Aussteigenden um einen oder mehrere Züge herumgehen.«[61] Damals kamen die ersten Gedanken an einen neuen Durchgangsbahnhof auf, doch reichte dazu das Geld nicht aus. Gegen neue Pläne, die um die Jahrhundertwende entstanden, wehrten sich die Kemptener, die befürchteten, die Stadt könnte dadurch Schaden nehmen, daß der Bahnhof weit außerhalb liegen würde. Zur Entlastung des Kopfbahnhofes entstanden so von 1904 bis 1906 nur ein neuer Rangierbahnhof und eine Umgehungskurve. Die Möglichkeit, das Kopfmachen in Kempten zu sparen, nutzte die Staatsbahn sofort aus. Unter scharfen Protesten der Kemptener befuhren von Jahr zu Jahr – mit einer kleinen Unterbrechung nach 1913 – immer mehr Schnellzüge die Umgehungsbahn. Lediglich der Halt in Hegge (ab 1927 Kempten-Hegge), mitten auf dem Land und ein Pendelverkehr zum Kopfbahnhof waren geblieben. Nun erkannten die Stadtoberen, wie kurzsichtig ihre Vorgänger gehandelt hatten und forderten den Durchgangsbahnhof, doch wieder fehlte das Geld. Mitten im Zweiten Weltkrieg beschäftigte sich die Reichsbahn noch einmal mit den Plänen, aber die Zeit überrollte das Vorhaben. Erst 1961 hatte das Drängen der Stadt Kempten Erfolg. Vier Jahre später begannen die Bauarbeiten und innerhalb von weiteren vier Jahren entstanden die Anlagen beim bisherigen Güterbahnhof. Zum Fahrplanwechsel am 28. September 1969 ging der neue Kemptener Hauptbahnhof in Betrieb. Als kleine Krönung erhielt er auch gleich einen TEE-Halt, denn der D-Zug »Bavaria« firmierte nun als TEE. Die alten Anlagen verschwanden ziemlich schnell, lediglich die ehemals viergleisige Illerbrücke zum Kopfbahnhof steht noch heute, allerdings trägt sie nun eine Straße[62].

Rationalisierung

Sparen, sparen und nochmals sparen lautete die Devise. Der Bahn wehte nach dem Wirtschaftswunder ein eiskalter Wind entgegen, der zu einschneidenden Rationalisierungsmaßnahmen auch auf der Ludwigs-Süd-Nordbahn führte. Während der nördliche Abschnitt von der Auflösung von Halten weitgehend verschont blieb, traf es den Süden besonders stark. Zwar erschien gleich nach dem Krieg bei Buchloe ein Schrankenposten als Halt Dillishausen, doch schon zum 28. Mai 1960 verschwand Lindau-Schönau aus dem Kursbuch, ein Jahr später traf es nur unweit entfernt Bodolz. Zum nächsten Fahrplanwechsel entfielen mit Mariathann, Opfenbach und Biesenberg gleich drei von fünf Halten zwischen Hergatz und Röthenbach. Für die nun folgenden 20 Jahre blieb alles beim alten, ehe zum 22. Mai 1982 neben Rehlings und Oberreitnau auch Kempten-Hegge als Halte aufgelöst wurden. Beim nächsten Fahrplanwechsel zum 25. September 1982 traf es neben Schlachters alle drei Halte zwischen Oberstaufen und Immenstadt: Thalkirchdorf, Ratholz und Bühl (Alpsee).

Mit Ausnahme des Jahres 1986 ging dieses muntere Spielchen bis einschließlich 1988 weiter. Wohmbrechts, Leinau, Pforzen, Beckstetten und Lamerdingen verschwanden 1983 aus dem Kursbuch. Ein Jahr später folgten Betzigau und Wilpoldsried. Nach Lindau-Aeschach und Waltenhofen im Jubiläumsjahr 1985 machte der Rotstift eine Pause, ehe 1987 noch Hergensweiler, Heimenkirch, Harbatzhofen, Aitrang und Ruderatshofen und 1988 schließlich Westeringen gestrichen wurden. Der Süden kennt nun keine Nahverkehrszüge mehr. Allein zwischen Lindau und Kempten gibt es auf nahezu 90 km Strecke nur noch fünf Zwischenhalte.

Im Norden strich man zum 1. Juni 1991 lediglich zwei Halte aus dem Kursbuch – zum einen Nürnberg-Doos, die ehemalige Fürther Kreuzung und zum anderen Großgründlach.

Ebenso zú den Rationalisierungen gehört die Straffung der inneren Organisation. Schon Ende 1968 fiel die Entscheidung, die Anzahl der Bundesbahndirektionen von 16 auf 10 zu verringern. In Bayern traf dies neben der BD Augsburg auch die BD Regensburg. Als erste Direktion wurde die BD Augsburg zum 1. Juni 1971 aufgelöst. Das gesamte, knapp 1400 km lange Streckennetz, darunter auch die Ludwigs-Süd-Nordbahn zwischen Gunzenhausen und Lindau, ging in die Zu-

Buchfahrplan des E 532 im Winter 1966/67. Bemerkenswert ist der Lokwechsel in Lichtenfels – normalerweise liefen die Hofer 01 vor den Zügen nach Würzburg bis Bamberg durch.

E 532 (20,1) 1., 2. Klasse

Hof Hbf–Münchberg–Bamberg(–Würzburg Hbf–Kaiserslautern Hbf)

Zlok 01, ab lf E 18 **Last 300 t** **97 Mindestbr, ab lf 93 Mindestbr**

			E 532					
1	2	3	4	5	4	5	4	5
127,2		**Hof Hbf**		819				
125,1	80	Hof-Moschendorf Hp u		21				
124,2		Abzw Oberkotzau . .		22				
121,6		**Oberkotzau**	825	25				
	65	A ⌒						
116,2		Schwarzenbach (Saale) .	31	32				
	70							
109,6		Seulbitz		40				
		108,8 ⌒						
	90							
103,0	70	**Münchberg**	45	46				
		102,2						
	50	102,1 ⌐						
93,0	65	Stammbach		56				
		90,0						
86,4		**Falls**		902				
81,8	70	Marktschorgast . . .		06				
77,9		Sbk 2		09				
	40	E ⌒						
74,3	80	**Neuenmarkt-Wirsberg**	913	17				
		A ⌒						
70,6	100	Bk Ludwigschorg Hp		20				
		69,1 ⌒						
68,3	85	**Unters einach** (b Stst) .		22				
		A ⌒						
61,9		**Kulmbach**	27	29				
56,5	100	Mainleus		33				
51,4		Mainroth.		36				
45,7	105	Burgkunstadt	40	41				
40,1		**Hochstadt-Marktzeuln** .		46				
	100	A ⌒						
36,1	115	Michelau (Oberfr) . .		948				

			E 532					
1	2	3	4	5	4	5	4	5
36,1		Michelau (Oberfr) . . .		948				
31,9		**Lichtenfels**	952	1002				
25,6		Staffelstein.		07				
20,2		Ebensfeld		10				
14,2	115	Zapfendorf		13				
12,0		Bk Ebing Hp		14				
7,6		**Breitengüßbach**		17				
3,5		Hallstadt (b Bamberg) .		20				
0,0		**Bamberg**.	1023	(1033)				

110 005 des Bw Nürnberg Hbf hatte am 5. Oktober 1977 den E 3414 nach Coburg zu befördern; Nürnberg Hbf.
Foto: Christian Klink

Mit der Ausmusterung der Baureihe 280 endete in Bamberg 1978 die Lokunterhaltung. 280 002 am 5. Oktober 1977 auf den Gütergleisen des Bahnhofs. Links hinter der Lok der erhaltene Teil des ersten Bamberger Lokschuppens.
Foto: Christian Klink

ständigkeit der BD München über. Hof kam zum 1. Juni 1976, als die Neuorganisation mit der Auflösung der BD Regensburg zum Abschluß kam, wieder zur Direktion in Nürnberg zurück. Bis zur völlig Neustrukturierung im Zuge der Bahnreform verwalteten nun nur noch zwei Bundesbahndirektionen die Ludwigs-Süd-Nordbahn.

Als die Bundesbahn am 22. Januar 1976 ihr betriebswirtschaftlich optimales Streckennetz vorstellte, wäre es schon fast für einen Teil der ersten bayerischen Staatsbahn vorbei gewesen. Von den insgesamt 28 500 Streckenkilometern sollten lediglich 6000 km im Personenverkehr weiterbetrieben werden. Pleinfeld–Gunzenhausen–Nörd-

Der Standard-Nahverkehrszug zwischen Lichtenfels und Bamberg. Am 3. April 1982 steht 144 099 mit N 6713 in Lichtenfels.
Foto: Christian Klink

Seine Funktion hatte das alte Stellwerk 3 des Bahnhofs Bamberg schon seit vier Jahren verloren, als 118 054 am 24. März 1984 auf Rangierfahrt war. Wenig später fiel das Gebäude der Spitzhacke zum Opfer.
Foto: Oliver Kaschel

lingen fehlte im optimalen Netz. Glücklicherweise fand dieses Konzept keine Zustimmung.

Trotzdem brachte das Jahr 1985 das Aus für den Personenverkehr auf einem Teilstück. Am 27. September 1985 verkehrte mit N 4155 der letzte Personenzug zwischen Gunzenhausen und Nördlingen. Schon vorher war der Wochenendverkehr zwischen Pleinfeld und Nördlingen eingestellt worden. Lediglich Güterzüge und Dampfzüge des Bayerischen Eisenbahnmu-

Ein historisches Treffen in Hof: 01 009 vor E 510 und 01 236, die als 02 007 gebaut wurde, vor D 1046 am 24. Juli 1965. Ein Jahr später waren beide Hofer Vorserien-Loks ausgemustert.
Foto: Christian Klink

232 001, damals die stärkste Diesellok der Bundesbahn, am 8. August 1973 zwischen Aitrang und Günzach.
Foto: Mlady

seums in Nördlingen beleben die einstmals bedeutende Strecke. 1996 gab es neben den Museumszügen gelegentlichen Güterverkehr nur noch zwischen Nördlingen und Wassertrüdingen, während bereits Untersuchungen zur Wiederaufnahme des Personenverkehrs im Gange waren. Das Museum hat sich um die Übernahme der Strecke und die Durchführung des Verkehrs beworben.

Auch ein Teil des zweiten Streckengleises fiel den Sparmaßnahmen zum Opfer. Nachdem die Saalebrücke bei Unterkotzau nach der Sprengung 1945 nur noch eingleisig wiederaufgebaut wurde, baute die DB im Sommer 1970 das zweite Gleis zwischen Marktschorgast und Stammbach ab.

Andererseits brachten die Bestrebungen, den Betriebsablauf zu verbessern auch eine weitere Elektrifizierung. Als die Olympischen Spiele in München ihre ersten Schatten warfen, führte dies nicht nur zum Bau der Münchner S-Bahn. Um für Notfälle eine leistungsfähige Umleitungsstrecke zur Verfügung zu haben, elektrifizierte die DB die Strecke Stuttgart–Donauwörth. So befahren seit dem 28. Mai 1972 auch den Abschnitt Donauwörth–Nördlingen elektrische Lokomotiven.

Im Gegensatz zu Lichtenfels–Hof, wo bis 1973 die Dampfloks herrschten, verkehrten im südlichen Abschnitt schon recht bald Diesellokomotiven. Die anspruchsvolle Strecke stellte hohe Anforderungen an die Maschinen. Im Allgäu wurden so die Gasturbinenloks und die 232 001 im Alltagsbetrieb erprobt.

Probefahrten

Nicht nur die Deutsche Bundesbahn, sondern auch Unternehmen der Schienenfahrzeugindustrie nutzen nach dem Zweiten Weltkrieg einen Teil der Ludwigs-Süd-Nordbahn zu Testfahrten. Die Strecke Forchheim–Bamberg bot sich auf Grund ihrer äußerst geringen Steigung dazu an. Außerdem konnten bis Probstzella in unmittelbarer Nähe auf der Frankenwaldrampe auch noch Belastungsfahrten durchgeführt werden. Von den zahlreichen Erprobungen seien nur einige erwähnt.

Im Jahr 1963 testete die DB die beiden auf Schnellfahrdrehgestelle umgerüsteten Lokomotiven E 10 299 und E 10 300 mit bis zu 200 km/h. Im Jahr 1966 sah die Bahnlinie außergewöhnliche Fahrzeuge. Die Firma Henschel erprobte die chinesische Baureihe NY 5. Die Lokomotiven mußten mit 160 km/h gefahren werden. Die Henschel-Mitarbeiter wohnten während der Tests in angemieteten Schlafwagen, die im Bahnhof Bamberg standen, während die chinesischen Beobachter in Hotels untergebracht waren. Auch die später im Allgäu eingesetzte V 320 001 (spätere 232 001) machte ihre ersten Schritte in Franken – mit bis zu 180 km/h. Solche Fahrten sorgten aber auch häufig für lange Wartezeiten für die Ingenieure. Beamte der Bahnpolizei mußten alle Bahnübergänge absichern und auf die Genehmigung der DB für die Schnellfahrten wartete man auch gelegentlich sehr lange. Selbst international genoß die Erprobungsstrecke guten

Bei 190 km/h schaute der Fotograf dem Lokführer über die Schultern. Das Bild entstand bei den Schnellfahrversuchen mit E 10 299 und E 10 300 im Dezember 1963 zwischen Eggolsheim und Buttenheim. Sammlung Bamberger Eisenbahnfreunde e. V.

Ruf. Sogar die Schweizerischen Bundesbahnen schickten 1969 die Ae 6/6 in Form der Lokomotive 11414 in den Norden Bayerns. Krauß-Maffei fuhr mit der zweiten Serie einer Maschine für die Southern Pacific und die neue E 03 machte hier ihre ersten Meßfahrten. Den vorläufigen Abschluß bildeten die neuen 120 um 1980, die dann um 1995 mit neuen Bauteilen als Zuglokomotiven der IC-Züge der Linie 8 wieder in den Plandienst kamen[63].

Der Betrieb heute

Zwischen Hof und Lichtenfels muß man heute mit Regional-Express-Zügen vorlieb nehmen. Neben 628 aus Hof und 614 aus Nürnberg bespannen Regensburger 218 die Züge. Schnellzüge gibt es nicht mehr. Von Lichtenfels bis Nürnberg kann man mit IC- und sogar EC-Zügen auf die Reise gehen. Der Zweistundentakt der IC-Linie 8 macht es möglich. Seit Herbst 1996 verkehren die Züge mit Steuerwagen. Nürnberg–Augsburg stellt mit der Abkürzung über den Hahnenkamm eine der wichtigsten Hauptstrecken dar. So verkehren unzählige IC-, EC- und ICE-Züge, die bis Pleinfeld und ab Donauwörth die Ludwigs-Süd-Nordbahn benutzen. Der Abschnitt Pleinfeld–Gunzenhausen wird durch Pendelfahrten mit Dieseltriebwagen seit Sommer 1996 auch wieder am Wochenende bedient. Von Augsburg nach Buchloe kann man im Takt alle zwei Stunden mit einigen Fülleistungen in Richtung Bad Wörishofen fahren. Zwischen Buchloe und Kempten gibt es einen Zweistundentakt, von Kempten bis Lindau einen Stundentakt mit RE-Zügen. Der einzige hochwertige Zug, der noch über Kempten und die Ludwigs-Süd-Nordbahn verkehrt, ist der EC »Albert Einstein« von Prag nach Interlaken. Alle anderen Schnellzüge verkehren über Memmingen. Trotz der kürzeren Strecke über Württemberg nutzte die Bayerische Staatsbahn dies nicht. Allein wirtschaftliche Überlegungen mögen dafür ausschlaggebend gewesen sein. Für die eigene Strecke brauchte an Württemberg nichts gezahlt zu werden.

Verkehrsprojekt »Deutsche Einheit«

Kurz nach der Wiedervereinigung am 3. Oktober 1990 legte das Bundesverkehrsministerium die Verkehrsprojekte »Deutsche Einheit« vor. Unter den 17 Projekten befindet sich mit der Projektnummer 8 auch der Ausbau der Bahnverbindung Nürnberg–Berlin. Im Zuge dieses Vorha-

Vor der Kulisse der Bamberger Altenburg und des Michaelsberges ist diese 103 mit einem IC unterwegs. Wären die Planungen aus dem Zweiten Weltkrieg Wirklichkeit geworden, gäbe es hier jetzt einen großen Rangierbahnhof. Foto: Frank von Meissner

bens soll der Streckenabschnitt Nürnberg–Ebensfeld um zwei Gleise ergänzt und für 200 km/h ausgebaut werden. Ab Ebensfeld ist über Erfurt nach Leipzig eine Neubaustrecke vorgesehen, die weiterführende Strecke wird saniert und für hohe Geschwindigkeiten ausgebaut. Die Gesamtkosten des 729 km umfassenden Vorhabens wurden 1991 auf 12,4 Mrd. DM geschätzt. Der Aus- bzw. Neubau gehört zum Abkommen über die wichtigsten internationalen Eisenbahnstrecken und soll die Hauptabfuhrstrecke Leipzig–Erfurt und den Eisenbahnknotenpunkt Leipzig entlasten. Die Fahrzeit Nürnberg–Berlin wird nach dem Ausbau auf ca. 3½ Stunden sinken [64].

Die Neubaustrecke soll die Saale-Bahn entlasten. Die IC-Züge der Linie 8 schlängeln sich durch die engen Täler um Saalfeld und benötigen für die Reise von Berlin nach Nürnberg noch länger als die Schnelltriebwagen der Vorkriegsjahre. Erst die neuerliche Elektrifizierung der Strecke Probstzella–Camburg (der Abschnitt war bereits 1939 elektrifiziert worden, 1945 wurde der elektrische Betrieb eingestellt) senkte 1995 die Fahrzeit wegen des entfallenden Lokwechsels in Probstzella.

Nach Bekanntwerden der Pläne regte sich großer Widerstand bei den Betroffenen. So durchschneidet die Bahnstrecke z. B. den Ort Altendorf zwischen Forchheim und Bamberg. Einige Häuser müßten dem Ausbau weichen und die Anwohner fürchten eine sehr große Lärmbelästigung. Daraufhin wurde die Bürgerinitiative »Das bessere Bahnkonzept« gegründet, die mit Veranstaltungen auf die Problematik hinwies und auch rechtliche Schritte gegen den Aus- und Neubau einleitete. Die Bürgerinitiative fordert den Ausbau der vier Strecken Nürnberg–Bamberg–Lichtenfels–Probstzella–Berlin, Nürnberg–Bayreuth–Hof–Berlin, München–Regensburg–Hof–Berlin und Stuttgart–Schweinfurt–Meiningen–Erfurt–Berlin. Sie fürchtet, daß durch das Milliardenprojekt der Schienennahverkehr in Oberfranken zu kurz kommt. Außerdem warnt sie vor der Zerstörung der Landschaft in Westoberfranken durch die Neubaustrecke [65].

Die Auseinandersetzungen gipfelten in Leserbriefschlachten in der regionalen Presse, wobei beide Seiten, Befürworter und Gegner, mit der Gegenseite nicht gerade zimperlich umgingen. Trotz allem kam es am 16. April 1996 nahe Erfurt zum ersten Spatenstich für die Neubaustrecke.

Das Jubiläum

Mitten in die Zeit dieser heftigen Diskussionen fielen die Vorbereitungen für die Feierlichkeiten zum 150 jährigen Jubiläum der ersten Teilstrecke der Ludwigs-Süd-Nordbahn von Nürnberg nach Bamberg. Ein kleiner Verein von Eisenbahnfreunden, die »Bamberger Eisenbahnfreunde e. V.«, bemühte sich, dem Anlaß eine angemessene Würdigung zukommen zu lassen, jedoch stieß man bei der Deutschen Bahn AG auf wenig Interesse. Lediglich im Nostalgiefahrten-Programm des Verkehrsmuseums sollte das Jubiläum berücksichtigt werden. Erst als der Verein den bayerischen Ministerpräsidenten Dr. Edmund Stoiber als Schirmherrn für eine Veranstaltung, die sich jedoch nicht auf einen Ort beschränken durfte, gewinnen konnte, zog die Bahn mit. Jedoch erst im Sommer 1994 stand fest, wie die Veranstaltungen

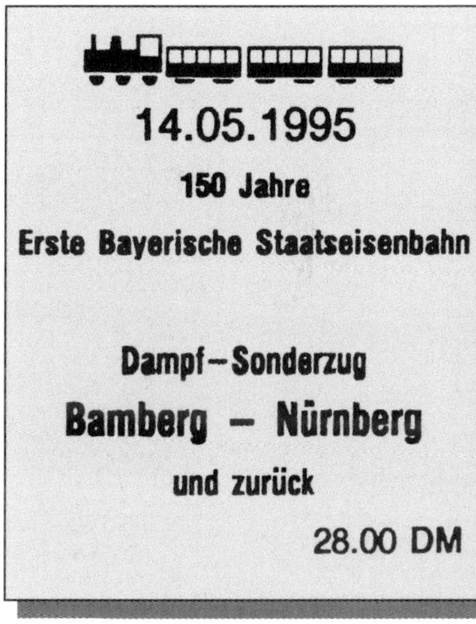

Am 14. Mai 1995 konnte man hinter 01 150 oder 23 105 auf die Reise gehen. Und historische Löcher in der Fahrkarte gab es gratis dazu.
Sammlung Stephan Kuchinke

Am 9. September 1996 feierte die DB AG das 150 jährige Jubiläum der Strecke Bamberg–Lichtenfels–Neuenmarkt-Wirsberg. Neben 50 3688 aus Arnstadt waren vier weitere Dampflokomotiven unterwegs. Als Manfred Vollmar und Helmut König mit ihrer Lok die Drehscheibe des DDM verlassen, waren sie etwas in Eile. Noch mußte die Lok entschlackt und ein historischer Postwagen auf den Zug gestellt werden, ehe es mit zehn Minuten Verspätung Richtung Lichtenfels ging.
Foto: Stephan Kuchinke

Ein Schauspiel besonderer Art wurde am 21. September 1996 auf der »Schiefen Ebene« geboten. Die Stromlinienlok 01 1102 zog fünf Schnellzugwagen ohne Schubunterstützung den Berg hinauf. Schon von Weitem war der Auspuffschlag der Maschine zu hören. Die Schienenköpfe des Gleises zierte nach dem Zug eine weiße Staubschicht vom Sanden.
Foto: Stephan Kuchinke

aussehen sollten. Als Termin war ursprünglich Anfang Oktober vorgesehen. Nun befürchtete aber die Deutsche Bahn AG, daß das Fest durch die langanhaltende Diskussion über die Aus- und Neubaustrecke in den Wahlkampfstrudel hineingezogen werden würde, denn die Bundestagswahl und die Wahl zum bayerischen Landtag waren für wenig später angesetzt. Ausweichtermin war daher November, was von den beteiligten Gemeinden aber wegen des unsicheren Wetters nicht gutgeheißen wurde. Alle Beteiligten einigten sich schließlich im August 1994 auf den 13. und 14. Mai 1995. In Eisenbahnerkreisen sprach man schon vom »150 ½ Jubiläum«. Diese Verspätung tat dem Fest aber keinen Abbruch. Die Stadt Erlangen und die Gemeinden Baiersdorf und Altendorf veranstalteten in Zusammenarbeit mit der Deutschen Bahn Bahnhofsfeste, die mit Pendelzügen verbunden wurden. Der Schwerpunkt der Feierlichkeiten lag aber am Bahnhof Bamberg.

Die Veranstaltungen begannen am 13. Mai in Nürnberg mit kurzen Ansprachen des Beauftragten der Konzernleitung für Bayern, Prof. Peter Lisson, und des Vertreters des Ministerpräsidenten, Verkehrsminister Dr. Otto Wiesheu, die anschließend um 9,20 Uhr mit zahlreichen geladenen Gästen in einem historischen Sonderzug, bespannt mit E 18 047 und 118 003, die Fahrt nach Bamberg antraten. Der Zug hatte die passende Zugnummer DZ 19 150. Neben zahlreichen DB-Mitarbeitern, die für die Bewirtung der Ehrengäste sorgten, vermittelten vier historisch uniformierte Eisenbahnfreunde das passende Flair. Nach einem kurzen Betriebshalt in Fürth/Bay. Hbf wurde der erste Halt in Erlangen zur Eröffnung des dortigen Bahnhofsfestes genutzt. Neben historischen Fahrzeugen wurde hier auch der »Eurosprinter« 127 001 ausgestellt. In Bubenreuth, wo der Bürgermeister zustieg, waren die ersten Demonstranten gegen den Ausbau der Strecke zu sehen. Sie nahmen auf dem schmalen Bahnsteig jedoch nur dem Schaffner des letzten Wagens die Sicht auf den Zugführer und wurden von den mitfahrenden Politikern nicht wahrgenommen. In Baiersdorf wurde der Jubiläumszug mit Böllerschüssen empfangen und damit das Bahnhofsfest eröffnet. In Forchheim begrüßte der Bürgermeister den Zug mit einer Ansprache und in Eggolsheim stieg der Bürgermeister zu. Den längeren Aufenthalt in Buttenheim, der nach einem Nachbarort benannten Station Altendorfs, nutzte der Bürgermeister dazu, den Verkehrsminister auf die Probleme des Ortes mit der Ausbaustrecke hinzuweisen. Unterstützt wurde er durch etwa 100 Demonstranten, die jedoch nur mit ihren Transparenten auf dem Bahnsteig standen und schwiegen. Nach einem Halt in Strullendorf fand in Bamberg am Gleis 1 die kurze Festveranstaltung mit musikalischer Umrahmung statt, die das Bahnhofsfest eröffnete.

Noch am Samstag folgten mehrere Sonderfahrten, unter anderem mit dem »Gläsernen Zug«. Am Sonntag verkehrten zwei Dampfzüge von 9,00 bis 20,00 Uhr zwischen Nürnberg und Bamberg, wobei in Nürnberg die Güterumgehungsstrecke befahren wurde, um die Lok nicht wenden zu müssen. Zwischen Bamberg und Erlangen konnte in einem ICE die neue Zeit bestaunt werden. Am Abend des 14. Mai hielten die Veranstalter schließlich fest, daß das Jubiläum ein voller Erfolg war.

9

Die Geschichte bewahren

Das Deutsche Dampflok-Museum

Am Fuße der »Schiefen Ebene«, im Lokschuppen des ehemaligen Bw Neuenmarkt-Wirsberg, hat sich seit 1977 das Deutsche Dampflok-Museum eingerichtet. Zum damaligen Zeitpunkt wurden zahlreiche von Privat angekaufte Lokomotiven, die sich über ganz Bayern verteilten, hier zusammengeführt. Unter Trägerschaft der Gemeinde Neuenmarkt, unterstützt durch den Verein »Freunde des DDM e. V.«, entstand ein interessantes Museum. Zunächst ging es hauptsächlich darum, die 16 Lokomotiven aufzuarbeiten. Einige der Maschinen kamen auch im Rahmen von Sonderfahrten unter Dampf nach Neuenmarkt-Wirsberg, ehe sie für einige Zeit im Schuppen verschwanden. Die Deutsche Bundesbahn verpachtete das Gelände nach 1975 zu einem symbolischen Pachtzins an das Museum. Im Juli 1977 schließlich konnte dieses die Tore öffnen. Die Kosten des Museumsbetriebes überstiegen jedoch schon bald die Möglichkeiten der Gemeinde. Aus diesem und einigen anderen Gründen kam es zu ernsten Problemen, die den Bestand des DDM bedrohten. Als schließlich im Jahr 1984 die Fahrzeuge schon fast verkauft waren, brachte ein Zweckverband aus dem Bezirk Oberfranken, dem Landkreis Kulmbach und der Gemeinde Neuenmarkt die Wende zum Guten. So konnten 15 der Lokomotiven angekauft und Mittel für den weiteren Ausbau zur Verfügung gestellt werden.

So entstand nun endlich das lange geplante Freigelände mit einer Kleinbahn, um auch ein wenig Betriebsamkeit ins Museum zu bringen. Mittlerweile gehört knapp ein Viertel des Bahnhofsgeländes zum Museum, das aus allen Nähten platzt. Vor kurzem konnte eine Erweiterung der Ausstellungsfläche im ehemaligen Übernachtungsgebäude, und ein neugestalteter Eingangsbereich vollendet werden. Mit einer 40 m^2 großen Modellbahnanlage, die die gesamte »Schiefe Ebene« darstellt, kam damit eine neue Attraktion hinzu. Bis zum Jahr 2000 soll auch ein neuer Lokschuppen neben dem alten Ringlokschuppen gebaut werden, der weiteren Lokomotiven ein Dach über dem Kopf bietet.

Mit Dampfzügen über die »Schiefe Ebene« hat sich das Museum schon seit 1988 einen Namen gemacht. Neueste Veranstaltung sind Sonderfahrten mit 86 457 von Kulmbach, wo das Bayerische Brauereimuseum seinen Sitz hat, nach Neuenmarkt-Wirsberg. Mit verschiedenen Fahrzeugen ist das DDM auch auf Bahnhofsfesten und Jubiläen in ganz Nordbayern vertreten. So stand 01 111 zum 150 jährigen Jubiläum der Strecke Nürnberg–Bamberg in Bamberg unter den Ausstellungsfahrzeugen. Neben den Dampflokomotiven der Kleinbahn stehen auch an manchen Tagen ein Dampfkran und die ehemalige Privatbahnlok 89 6024, die von der DR erworben werden konnte, unter Dampf.

Im Bestand finden sich heute neben 30 Dampflokomotiven auch 21 weitere Triebfahrzeuge. Zu den herausragenden Exponaten gehören die letzte erhaltene 18^6, 18 612, eine sächsische XIV HT und eine Dampfschneeschleuder. Neben den Fahrzeugen können aber auch typische maschinentechnische Anlagen besichtigt werden. Durch die noch vorhandene Achssenke ist ein Blick unter eine Dampflokomotive möglich. Ein aufgeschnittener Kessel macht die Funktionsweise eines Dampferzeugers deutlich und die 23 m lange Segmentdrehscheibe ist auch nicht gerade alltäglich.

Das »Bayerische Eisenbahnmuseum«

Im ehemaligen Bahnbetriebswerk Nördlingen hat sich das Bayerische Eisenbahnmuseum eingerichtet. Im Jahr 1969 gründeten einige Eisenbahnfreunde in München den »Eisenbahnclub München«, der zwei Jahre später seinen ersten eigenen Wagen erwarb. Schon 1974 kam die betriebsfähige Werksbahn-Dampflok LUCI in den Bestand, mit der auch am 30. Mai 1982 der Museumsbetrieb zwischen Monheim und Fünfstetten aufgenommen werden konnte. Im Laufe der Jahre vergrößerte sich die Sammlung des Vereins weiter. So zeigte man bei den Feierlichkeiten zum 140 jährigen Bestehen des Bahnhofs Bamberg neben einem Lokalbahn-Gepäckwagen auch die Kabinentender-Lok 50 778. Schließlich wurde für die vereinseigenen Fahrzeuge eine geeignete Bleibe unumgänglich. Der Verein bezog daraufhin 1985 das im selben Jahr aufgelöste Bahnbetriebswerk Nördlingen.

Drei Jahre später nahm der Verein den Museumsbetrieb zwischen Nördlingen und Dinkelsbühl auf. Da die kleinen Tenderlokomotiven dem Einsatz auf dieser Strecke nicht gewachsen waren, erwarb man die Lokomotive 52 3548 von der DR. Mittlerweile wurde der Einsatz von Dampflokomotiven auch auf den 1985 stillgelegten Abschnitt Nördlingen–Gunzenhausen der Ludwigs-Süd-Nordbahn ausgeweitet. Das »Bayerische Eisenbahnmuseum«, wie der Verein nun firmiert, machte sich in letzter Zeit durch die Wiederinbetriebnahme verschiedener Lokomotiven einen Namen. Neben der ehemaligen Heizlok 01 066 gehört auch die einzige betriebsfähige S 3/6, 18 478, zum Bestand des Museums.

10

Literaturverzeichnis

Quellen

1 zitiert nach Leonhardy: Die Anfänge des Eisenbahnwesens in Bayern, Nürnberg 1911
2 zitiert nach Schnabel, Keller: Vom Main zur Donau; 1200 Jahre Kanalbau in Bayern, Bamberg 1984
3 siehe: Schnabel, Keller(2)
4 siehe: Detlefsen: Die Schiffe der Eisenbahn, Gräfelfing 1993
5 siehe: Meyers Konversationslexikon, 1897
6 siehe: Weigelt: Bayerische Eisenbahnen, Stuttgart 1986 [2]
7 siehe: 100 Jahre deutsche Eisenbahnen, Berlin 1935 [1]
8 siehe: Rehberger: Die Bodeseeschiffahrt der Deutschen Bundesbahn und der übrigen vereinigten Schiffahrtsbetriebe; in Jahrbuch des Eisenbahnwesens 1954 - 1956
9 siehe Dumcke: Lindau und die Eisenbahn 1853 - 1953, in Neujahrsblatt 13 des Museumsvereins Lindau, Lindau 1954
10 siehe: Bayreuther Zeitung, Nro. 79 vom 1. April 1836
11 siehe Breiling: Vorgeschichte zum Bau der Eisenbahn in und um Hof, 1957, unveröffentlichtes Manuskript
12 siehe: Stadtarchiv Hof, Akt Nr. F VI 193/1
13 siehe v. Bauernfeind: Situations- und Nivellements-Karten der K. Bayerischen Staats-Eisenbahnen [...] Nürnberg 1845
14 zitiert nach: Bericht des provisorisch dirigierenden Ausschusses der Unternehmer einer Eisenbahn von Nürnberg nach Bamberg [...], Nürnberg 1838
15 Verkehrsmuseum Nürnberg, Akte 4094, jetzt Bayerisches Hauptstaatsarchiv, München
16 zitiert nach Breiling (11)
17 siehe Supper: Die Entwicklung des Eisenbahnwesens im Königreich Württemberg, Stuttgart 1895
18 siehe Eisenbahnzeitung, 1845, zitiert nach Weigelt (6)
19 siehe v. Reden: Die Eisenbahnen Deutschlands; Band 9, Berlin 1845
20 siehe Lutz: Der Bau der bayrischen Eisenbahnen rechts des Rheins, München und Leipzig 1883
21 zitiert nach: Lutz (20)
22 zitiert nach: Tag-Blatt, Bamberg, verschiedene Ausgaben des Jahres 1844
23 zitiert nach Marggraff: Die königlich bayerischen Staatseisenbahnen, München 1894
24 siehe Marggraf (23)
25 siehe: Bamberger Volksblatt vom 15.2.1966
26 siehe: Geschäftsbericht der königl. bayerischen Verkehrsanstalten; Geschäftsjahr 1860/61
27 siehe v. Bauernfeind: Beschreibung der Königl. Bayerischen Staats-Eisenbahnen; Zweites Heft, Nürnberg 1846
28 siehe Lehner: Bahnarbeiter-Streik 1851, in Westallgäuer Heimatblätter, Nr. 26, 1992
29 siehe Bayer/Sobek: Der Bayerische Bahnhof in Leipzig, Berlin 1985
30 siehe Sender-Rieger: Die Bahnhöfe der Ludwig-Süd-Nord-Bahn, Karlsruhe 1989
31 siehe Götz/Kuchinke: 150 Jahre Nürnberg - Bamberg; Das erste Teilstück der Ludwigs-Süd-Nord-Bahn, Bamberg 1995
32 siehe Krauß-Maffei: 125 Jahre Krauß-Maffei; Dokumente; München 1962
33 siehe Zintl: Die alten Bayerischen; Stuttgart 1984
34 siehe Lotter/Schörner: Der »Adler« und die Ludwigs-Eisenbahn; Fürstenfeldbruck 1985[2]
35 siehe: Jahresbericht der königl. bayerischen Verkehrsanstalten, Rechnungsjahr 1851/52
36 siehe Dampflokverzeichnis der königl. Bay. Staatseisenbahn; Wuppertal 1966
37 siehe Schnabel: Lokomotiv-Archiv Bayern; Berlin 1987

38 siehe Marggraff: Die Königlich Bayerische Staatseisenbahnen in geschichtlicher und statistischer Hinsicht, München 1894
39 siehe Schneider: 140 Jahre Ludwigs-Westbahn; Eisenbahn-Magazin 12/94
40 siehe Weigelt: Fränkisch-Bayerische Eisenbahngeschichte im Zeitraffer; in: Bundesbahndirektion Nürnberg [...]; Darmstadt, 1993
41 siehe Zeitler: Eisenbahnen in Niederbayern und der Oberpfalz; Weiden 1985
42 zitiert nach Dumcke: Lindau und die Eisenbahn 1853 - 1953, in Neujahrsblatt 13 des Museumsvereins Lindau, Lindau 1954
43 siehe: Die Insel, 9. Juli 1949
44 zitiert nach von Bauernfeind (13)
45 siehe Janikowski: Die Ammerseebahn, Stuttgart 1996
46 siehe Hornung: Aus der Traum; in: Modelleisenbahner, Ausgabe 2/1996
47 siehe Breubeck: Netzbahnhof Buchloe, Buchloe 1994
48 zitiert nach von Bauernfeind: Beschreibung der Königl. Bayerischen Staatseisenbahnen, Zweites Heft, Nürnberg 1846
49 Siehe E. F. A. Preu: Die schiefe Ebene auf der bayrisch-sächsischen Eisenbahn zwischen Neuenmarkt und Marktschorgast in Oberfranken [...]; Wiener Allgemeine Bauzeitung, 1851
50 siehe Deutsche Bundesbahn: Fahrdienstvorschrift, DV 408, Gültig vom 28. Mai 1972 an
51 siehe Lüdecke: Die Schiefe Ebene, Freiburg 1988
52 zitiert nach: Die Entwicklung des zweigleisigen Ausbaues der bayerischen Staatseisenbahnen, handschriftliches Manuskript ohne Angabe des Verfassers und des Jahres, im Archiv des Verkehrsmuseums Nürnberg
53 siehe: Die Entwicklung des zweigleisigen Ausbaues [...]
54 siehe: Der Weltkrieg 1914–1918, 1. Band, Berlin 1928
55 siehe Sarter: Die deutschen Eisenbahnen im Kriege, Stuttgart 1930
56 siehe Bäzold, Rampp, Tietze: Elektrische Lokomotiven deutscher Eisenbahnen, Düsseldorf 1993
57 siehe Fischer: Die längste Ellok-Fernschnellstrecke der Welt; in Nürnberger Zeitung, 6. Juli 1938
58 siehe Mistele: Tage im Februar, in Jahresbericht des Historischen Vereins Bamberg, 114, Bamberg 1978
59 siehe: Die Wehrmachtsberichte 1939–1945; Band 3, Köln 1989
60 siehe Rossberg: Grenze über deutschen Schienen, 1945–1990; Freiburg 1991[2]
61 zitiert nach Asmus, Bufe: Dampflokomotiven im Allgäu, Fürstenfeldbruck 1976 (leider wird die Quelle nicht genannt)
62 siehe Asmus, Bufe: Dampflokomotiven im Allgäu, Fürstenfeldbruck, 1976
63 Telefonat vom 15.09.1996 mit Prof. Siegfried Kademann
64 siehe Der Bundesminister für Verkehr (Hrsg.): Verkehrsprojekte Deutsche Einheit, Bonn 1991
65 nach Unterlagen der Bürgerinitiative »Das bessere Bahnkonzept«